U0902407

加入孕妈咪交流圈
轻松孕育宝宝做快乐妈咪

生宝宝、成为妈妈是女人生命中的重大挑战，生理变化、角色转变、职业生涯、家庭关系等一系列问题，经常导致孕期女性情绪起伏大，甚至引起抑郁问题，为了帮您科学地应对孕期情绪问题，我们邀请国内知名心理专家精心制作一系列线上内容：

专家咨询
心理专家在线一对一答疑解惑，助您快乐做妈咪！

专题知识
孕期情绪问题专题突破，帮您快乐做妈咪！

读者圈
和更多孕妈咪一起交流孕期情绪问题，相互支招，一起快乐当妈。

如何领取线上学习资源？
无须下载，免去注册，省时提效

1

微信点击扫一扫

2

扫描二维码

3

点击进入“孕妈咪交流圈”

请用微信扫描上方二维码获取本书移动端学习资源【专家咨询 · 专题知识】

从女孩到辣妈

——孕妈咪不抑郁的活法

李丽◎著

青岛出版社
QINGDAO PUBLISHING HOUSE

图书在版编目（CIP）数据

从女孩到辣妈 : 孕妈咪不抑郁的活法 / 李丽著. --青岛 : 青岛出版社, 2017.11
ISBN 978-7-5552-6252-7

Ⅰ. ①从… Ⅱ. ①李… Ⅲ. ①孕妇—心理保健 Ⅳ. ①B844.5

中国版本图书馆CIP数据核字(2017)第294243号

书　　名　从女孩到辣妈——孕妈咪不抑郁的活法
著　　者　李　丽
出版发行　青岛出版社
社　　址　青岛市海尔路182号（266061）
本社网址　http：//www.qdpub.com
邮购电话　13335059110　0532-68068026
责任编辑　尹红侠　赵慧慧　王　韵
封面设计　周　飞
制　　版　青岛乐喜力科技发展有限公司
印　　刷　青岛北琪精密制造有限公司
出版日期　2018年12月第1版　2018年12月第1版第1次印刷
开　　本　16开（710mm×1000mm）
印　　张　12.5
字　　数　120千
印　　数　1-6000
书　　号　ISBN 978-7-5552-6252-7
定　　价　39.80元

编校印装质量、盗版监督服务电话：4006532017　0532-68068638

前言 Preface

孕期，正能量积蓄正当时

女人怀孕，可是家庭中的一件大事儿。当向别人宣布“我怀孕了”的时候，孕妈咪立刻像“国宝”一样被“供”了起来。虽然享受着这样的待遇，但是孕妈咪们依然有各种各样的烦恼。很多丈夫被“折磨”得有苦难言，感觉媳妇不好伺候。夫妻间沟通不畅，相互不能理解，为以后的冲突埋下了“种子”。而在孩子出生后的头3年，正值家庭结构改变，家庭责任增多，经济压力增大，家庭人际关系紧张，大多数夫妻对婚姻的满意度达到最低值的时刻，孕期埋下的“种子”很容易在此刻萌发并且生长，使很多夫妻出现情感危机，严重损害婚姻的质量。

孕妈咪在孕期与胎儿血脉相连，孕妈咪的心情直接影响着腹中胎儿的成长。胎宝宝生长发育所需的营养成分，是由母体通过胎盘提供的，孕妈咪的情绪变化会影响营养的供应、激素的分泌和血液的化学成分，孕妈咪的不良情绪可能会导致宝宝在未来发育过程中面对的风险增加。如果孕妈咪受到惊吓或感到恐惧、悲伤，容易导致精神过度紧张，影响食欲，不利于胎宝宝的生长发育，还会使孕妈咪肾上腺皮质激素分泌增加，可能导致流产或早产。即使宝宝顺利出生，也容易出现身体功能失调、消化系统功能紊乱等症状。孕妈妈长期焦虑不安、惊恐，还会使宝宝日后形成不稳定的性格和脾气。此外，孕妈妈在孕早期受到过惊吓、过分忧虑、情绪紧张，容易导致宝宝出现腭裂或唇裂。

曾经有这样一个实验：将怀孕的母猴放在椅子上，然后以目怒视，给它以强烈的刺激，待母猴被激怒后，测量其腹中胎儿血液中的氧气含量。结果发现，母猴越惊恐不安，胎儿血液中的氧气含量越少，甚至导致胎儿死亡。

地震给孕妈咪带来的负面刺激是难以想象的。专家对胎儿期经历过地震灾难的孩子进行测定，发现他们的平均智商明显低于其他同龄儿童的平均智商。

孕妈咪内心的负能量带有强烈的杀伤力，危害孩子的身心健康，甚至危害其生命，因此如何将负能量转变为正能量就显得尤为重要。

心理学家认为，正能量意味着我们处在平和、充满期待、正向积极的身心状态。孕妈咪内心充满正能量，就意味着能给胎宝宝提供良好的孕育环境和胎教。所以，孕妈咪不仅需要饮食上的营养，更需要心灵上的滋养和成长。

但是，恰恰在这样关键的时刻，很多孕妈咪易被负能量所困扰。在我为孕妈咪提供咨询期间，发现工作成就感丧失、社交封闭、担心经济问题、和家人的关系出现问题、忧虑胎宝宝的健康等都会造成孕妈咪不同程度的抑郁和焦虑。

因此，孕妈咪在孕期除了需要补充营养、注重身体健康以外，还应该学会排解负能量。

正是以上的原因促使我完成这本书。我希望本书能为更多的孕妈咪开解烦恼，预防产后抑郁，获得更多的正能量，以主动、积极的态度完成人生中的重大转变；也能为更多的准爸爸提供一些方法和支持，使全家人在正能量中迎接小天使的出生，并且将正能量延续到家庭未来的生活中。

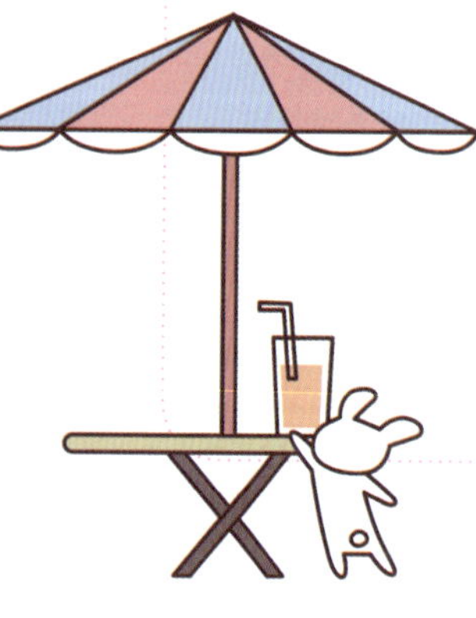

目 录

微信扫码获取学习资源
轻松孕育快乐做妈咪
【专家咨询 ·专题知识】

Part2 孕期关系你我他

Part3 做个快乐的孕妈咪

Part4 生育是一场华丽的生命体验

Part1 孕育生命初体验

要孩子还是不要孩子？

对于女性来说，要孩子是件很自然的事情，可是在现代社会，有些女性在面对这件事情时犹豫不决。

毕竟，生育孩子之后，女性要承担大量的工作，这个决定对女性的人生会产生重大的影响。女性对社会的贡献，本来就没有获得足够的认可，而生儿育女又使这个问题变得更严重。繁重的家庭琐事有时会让一个优雅的、有自己生活的女性变得疲于奔命。某调查公司公布的一项调查结果显示：中国的大中城市中约有 60 万个丁克家庭，近 7 成调查者认为丁克家庭会增多。

除了经济压力大，难以平衡工作和家庭之外，还有一些处于理想生育年龄的年轻人在父母的溺爱下长大，缺乏责任感，不敢承担生育的责任，他们觉得，自己都童心未泯，怎么敢去做别人的父母？还有的夫妻想长期过二人世界，不想被第三者打扰；有的害怕生出畸形儿；有的女性则害怕生孩子影响自己的身材……于是干脆不生了。

如果夫妻两个人都决定做丁克夫妇也就罢了，怕的是本来想做“丁克”，可是后来又反悔。如果夫妻两个都反悔，达成一致也就罢了，最麻烦的就是一方想要孩子，另一方则不想要孩子，夫妻之间达不成一致。

小兰就正处在是“要孩子”还是“离婚”的抉择之中。让我们一起来看看小兰的倾诉。

虽然我已经到了生育的最佳年龄阶段，但是我还不想要孩子。因为这一点我已经和老公闹到要离婚的地步了。我之所以有这样的恐惧，是因为我的妹妹是个脑瘫患者，我亲眼看到妈妈为她操碎了心，而我最好的朋友因为生孩子，生活质量也大大降低，整天沉浸在孩子吃喝拉撒的琐事里，还患了产后抑郁，到现在也没痊愈。要孩子，实在是人生中最大的冒险，如果生个神童还好，万一生个木头木脑的呆瓜，连自己后半生的快乐都得赔进去。可是老公很喜欢孩子，过去我说不要孩子他没在意，以为我只是说说而已，现在我们已经30多岁了，他看我像是要来真的，就沉不住气了，大有“不生孩子就离婚”的势头。我虽然不想要孩子，但是也不想因为这个事情和老公离婚，为难中……

小兰之所以不想要孩子，是因为她接收的关于养孩子的负面信息比较多，感到恐惧。要孩子确实是人生中的一大冒险。如果孩子不幸有残疾或者智力障碍，家长确实会很辛苦。但是这样的概率有多大？谁也说不好。

如果选择要孩子，生出个神童的概率并不大。神童的形成除了遗传因素外，还受后天的培养和教育影响，这不是由孩子单方面决定的，也要看父母本人的天赋以及在教育上投入的精力。

常见的情况是生一个普通的孩子，那么孩子的性格、秉性会多种多样。如果连生个普通孩子都无法接受，只想生个神童的话，我想小兰确实对孩子以及自己的要求太高了。

如果肯放低对孩子的要求，也愿意多看看其他家长享受孩子带来的快乐和幸福，就能将这个问题看得更加全面。小兰觉得孩子的到来是一件令人为难的事情，但是又有多少父母费尽心机想要一个孩子。在小兰的眼里，孩子可能象征着累赘、负担、痛苦，可是又有多少人觉得孩子是天使，是开心果……孩子对于我们的意义，除了小兰所认为的那一种，其实还有很多，这和自己的认知有关。

对于普通人来说，当我们逐渐老去，身体的各项机能逐步退化以后，在教育得当的环境中成长起来的孩子会给予我们更多的幸福和快乐，提高我们晚年生活的质量。没有孩子的晚年通常是孤独寂寞的，幸福指数不高。在孩子成长的初期，我们给予孩子爱，到了晚年，接受孩子的给予，父母对孩子付出了多少爱，将来就会从孩子那里收获多少爱。

有心理学家证明，人的幸福指数与物质的相关度大概是25%，幸福在很大程度上与物质无关，却与我们的人际关系直接相关。当然，没有孩子，生活也可以拥有幸福和快乐，那就需要我们发展其他的亲密关系，例如配偶、父母、朋友。如果在其他方面能够获得满足，那么没有孩子也未尝不可。

也有人愿意把自己的一生都投入到某一项伟大的事业中，有非常清晰的人生主题，完全沉浸在对这个世界做出贡献的工作中，达到放弃小家而顾大家的人生境界，并为此感到幸福。

对于小兰来说，需要考虑坚持自己的立场与维持婚姻幸福之间的关系，毕竟配偶是我们人生中非常重要的人。无论如何选择，都是为了自身的幸福，因此这就要看小兰是无法接受离婚的后果，还是无法承受要孩子的风险。

当然，每个人对幸福的定义也不相同，在做了决定后，就要多看所做的选择的积极面，坚定地追求属于自己的幸福。

小贴士

当我们逐渐老去，身体的各项机能逐步退化以后，在教育得当的环境中成长起来的孩子会给予我们更多的幸福和快乐，提高我们晚年生活的质量。没有孩子的晚年通常是孤独寂寞的，幸福指数不高。在孩子成长的初期，我们给予孩子爱，到了晚年，接受孩子的给予，父母对孩子付出了多少爱，将来就会从孩子那里收获多少爱。

意外怀孕怎么办?

很多女孩从小就喜欢抱着洋娃娃扮演妈妈，渴望“母亲”这个角色。长大后，又有多少女人求子若渴，有的家庭甚至因为没有孩子而分崩离析。孩子，是维系家庭情感的纽带，更是上天赐予一个家庭的、给家庭带来快乐和希望的天使。

但是，并不是每个女人都做好了当妈妈的准备。在得知自己怀孕之后，有的人兴奋，有的人却烦恼忧愁。一些意外怀孕的孕妈咪，面对如此大的转折时不知所措，甚至不能接受怀孕的事实。看看这位孕妈咪给我的咨询信：

现在，我特别茫然，因为我在没有心理准备的情况下怀孕了。刚发现怀孕的时候我是不准备要的，我才 25 岁，总觉得自己还小，还是个孩子，怎么可能养个孩子。但家人都说既然有了就要了吧，孩子也是有缘分才来的。后来也考虑到个人身体的一些状况，就无奈接受了这个事实。

如今我已经怀孕 2 个月了，可是我的心情依然无法平静，情绪起起伏伏，无法控制。我感到这个孩子的到来打乱了我生活的节奏，感觉很委屈，眼泪时不时地往下流。身边跟我一样大的朋友没有一个有宝宝的，我不愿意告诉别人我怀孕的事实，觉得说不出口。看到别的孕妈咪喜气洋洋的，我却高兴不起来。

这是一位刚怀孕的女性向我诉说的烦恼，她在没有心理准备的情况下意外怀孕，感觉自己还是个孩子，所以没有养好孩子的信心，身边的朋友都没有宝宝，这让她感到孤单和惶恐，以至于觉得意外来临的孩子打乱了自己的生活，感到委屈，不能控制自己的情绪。

这位孕妈咪的心情我们可以理解。孩子的意外来临让她觉得对生活失去了控制，出于种种原因又不能不接受，但是想要适应这一改变，确实需要一个过程。

生活中我们常常会遇到突发事件，意外怀孕只是其中一例。遇到一些变故时，我们往往会因为失去了主动控制权而感到慌乱。但是，生活中并非事事都能被我们所掌控。生活中发生的很多事情往往是由我们自己造成的，既然怀孕是自己造成的结果，那么，作为成年人，我们就需要对自己的行为负责。

和自己年龄相仿的朋友都没有经历怀孕这个人生阶段，使得这位孕妈咪没有可以学习和参照的模板，所以她感到很惶恐。实际上，我们每个人都是独特的，都拥有自己的生活，要敢于接受自己的不同。

没有养好孩子的信心恐怕是很多孕妈咪在孕期情绪不安的核心原因。事实上，能不能养好孩子和年龄的大小无关，谁都不是天生就会当父母的，想要胜任父母的角色，需要好好学习。如果身边的朋友中没有人能给自己提供一个学习的模板也不要紧，可以将学习对象的范围扩大。教子有方的家长，古今中外比比皆是，我们可以通过书籍或视频等从他们那里获得教育孩子的经验，也可以结识新的朋友来学习如何育儿。

我想，其实这位看似没有信心的孕妈咪已经开始走上了积极学习之路，否则，她也不会来咨询我。这就是良好的开始。

实际上，这位孕妈咪不是不能接受怀孕的事实，而是不愿意对自己的行为负责，不能接受自己的生活与身边朋友的生活不同。但是，无论是积极主动地接受，还是消极被动地接受，无论是选择要这个孩子还是放弃，自己终究要为自己的行为负责；无论愿不愿意承认，每个人的生命都是独一无二的，我们每个人都需要勇敢地面对自己的人生，哪怕无人同行。

作为孕妈咪，你觉得是宝宝打乱了你的生活节奏，感到委屈。我倒是要替你肚子里的孩子打抱不平了，本来就是你把孩子带到人间的，还把自己对生活的不安怪罪在孩子身上，是不是太不公平了？各位亲爱的朋友，你们说呢？

科学研究表明，孕妈咪的情绪对胎儿影响很大，为了自己和孩子的健康幸福，积极地顺应生活的改变，勇敢地接纳这一切吧！

小贴士

生活中我们常常会遇到突发事件，意外怀孕只是其中一例。遇到一些变故时，我们往往会因为失去了主动控制权而感到慌乱。但是，生活中并非事事都能被我们所掌控。生活中发生的很多事情往往是由我们自己造成的，既然怀孕是自己造成的结果，那么，作为成年人，我们就需要对自己的行为负责。

天使到来，为爱放下

女性年纪大了，不要孩子，总会被外界议论，而要孩子，则可能会面临经济压力大、奋斗多年的职位被取代的情况，甚至生完孩子后也有可能很难再从事过去的工作……生孩子让一些职场女性不仅面临生产的疼痛，还承受影响职业发展的代价。

不过，不论社会如何发展，都是以家庭为单位组成的，而不是以公司或企业为单位组成的。如果放下工作要孩子，会对女性有多大影响，人生又会有哪些改变呢？下面我就将自己的经历分享给大家。

其实怀孕的时候我并没有做好准备。当时在职场上奋斗的我身心俱疲，意外的怀孕是我能让自己停下来的最好的理由。

怀孕意味着我不能再挤那近两个小时的公交车去上班，同时也意味着我们家将失去近三分之二的财政收入，而那时候，我以为自己挣的钱会越来越多，所以贷款买了一套复式的房子，肆无忌惮地欠了一屁股债。

回归家庭让习惯了在职场上获得成就感的我一时很难适应，经济的压力又像高悬在头上的一把利剑，时时让我紧张和焦虑。有一次，我做了一个梦，梦到自己在深山的森林里遇到了一匹凶狠的狼，我一动不动地盯着它，而狼也不敢轻举妄动。空气似乎凝固了，我与狼僵持着，对峙着，没有人能给我帮助。父亲在远处的山上，他是不可能来到我身边的。后来我想，与其让狼袭击我，不如主动出击！我怒目圆睁，表情狰狞，像野兽一样凶残地大吼一声，发出“爸，快来！”的求救声，但是我不能让对手看出一丝的惊恐和懦弱，所以我的声音是变调的，不晓得远处的父亲能否听到。

梦在这个时候停止了，我在咚咚的心跳中醒来，良久不能入睡。我开始分析自己的梦：这匹狼，难道不是我现在面对的生活吗？它让我充满了恐惧，唯一可能给我支持的是父亲，但他离我又是那么遥远，似乎很难帮助我。我必须一个人勇敢地面对自己的生活，不管它多么凶残恐怖，我都要主动进攻，都要奋力一搏！

于是，我开始着手缩减开支，鼓励老公承担责任，自己也一再忍住要帮助他的冲动。那时我才明白，真正爱一个人，应该是促进他的成长，而不是越俎代庖地包办他的事情。过去自己总爱为他操心，实际上是自己没有做好妻子的本分，管了不该管的事情。经过角色的转换，他舒服了，我自己也轻松了。那么，应该如何做妈妈呢？当我问自己这个问题的时候，忽然感觉一片迷茫。于是，我开始了大量的学习。当了解到怀孕初期母亲的情绪对胎儿的身心健康有着至关重要的影响时，我的内心被重重一击！这个信息对我来说是个很大的触动，心中的母爱开始大于一切，为了我的孩子，我必须放弃焦虑和抑郁！其他的事情顺其自然，爱咋咋地吧！

我的心，真的就放下了。我开始关注一些细节的东西，比如天空的云、枝头的鸟、树下的三叶草……我忽然发现，幸福原来就来源于那些细碎的小感受。晚饭后，我也能悠闲地和丈夫散散步，聊一些深入的话题，和他分享喜欢的电影类型，增进对彼此的了解。丈夫慢慢理解了我的感受，由被动接受到主动承担起家庭的重任。

感谢当时尚在腹中的孩子，正是源于对她的爱，我才做到了“放下”，学会了调整，否则，可能我还会一直疲于奔命，夫妻关系也不会有如此令人欣喜的转变。孩子对我来说就意味着非凡的爱，是她让我意识到应该改变自己，让我迈向更幸福的生活。是她对我的爱，还是我对她的爱让我学会放下，我说不清，我只是感到母女的情缘如此深厚，要好好珍惜这份缘。

小贴士

不论社会如何发展，都是以家庭为单位组成的，而不是以公司和企业为单位组成的。女性不论在社会上取得的职业成就感有多强，内心都会有对幸福家庭的渴望。

做母亲是一项伟大的事业

孕妈咪在面对生活的重大改变时容易出现不适应的情况，这很正常。从生理方面来讲，在孕早期，孕妈咪体内的激素水平与孕前相比发生了很大变化，这被认为是孕妈咪在孕期情绪多变的原因之一。从心理方面来说，女人成为妈妈，也要经历一个巨大的心理变化期，对于未来的诸多焦虑有时会冲淡她们即将成为妈妈的幸福感。例如有的妈妈开始忧虑夫妻关系会不会受到影响，宝宝是否健康，有了宝宝以后将面临的经济问题等。在孕期发生的很小的问题，比如疲劳、尿频等都可能给孕妈咪带来心理负担。所有这些担忧都会令孕妈咪的情绪起伏不定。

有的妈妈一方面找不到自己情绪多变的根源，另一方面又对自己多变的情绪产生内疚之感，担心对腹中的胎儿影响不好，于是陷在情绪的沼泽中不能自拔。

下面这位孕妈咪对自己心情的讲述很有代表性，在这里分享一下：

孩子的意外到来，让我的生活步调一下子被打乱了，幸福和矛盾并存。我忧虑自己的事业是否因此停滞，前途一片渺茫。再加上怀孕让我变得臃肿难看，将来孩子出生后，还要请人来照顾，住房也会因此变得拥挤，以及经济的压力……这些都让我心事重重。老公倒是很乐观，让我放宽心，不要想太多，他会努力赚钱，养活这个家。可是现实和理想总是有差距。他心情好的时候，还会宽慰一下我，不高兴的时候，就埋怨我事多，总是胡思乱想。我的情绪波动常常让他猝不及防。我也不知道，为什么怀孕后我的改变会这么大。我也担心自己的情绪会影响到孩子。

我非常理解这位孕妈咪的心情，因为过去的我也经历过类似的矛盾与困惑。孩子意外到来，面对拒绝和接受这两个选项，这位孕妈咪显然选择了后者，但同时也对新生活“水土不服”。既然事业、身材、经济是很多孕妈咪焦虑的重点，就让我们逐一来分析。

做母亲本身就是一项伟大的事业

不知道大家是否想过，人们追求事业的目的是什么？是为了体现自己的价值吗？确实，我们通过事业这种载体可以很直观地感受自己存在的价值，而选择要孩子有时意味着我们要放弃这种证明自己价值的主要渠道，进而会在某种程度上失去原有的社会身份和地位，这种失去会让我们焦虑，因为我们认为还没有其他更重要的事情能取代工作所带给我们的存在感、价值感和成就感。其实，就在你为怀孕而焦虑的时候，另一种体现我们自我价值的事情已经发生了，只是你还没有意识到它的价值所在。难道你没有感觉“做母亲”本身就是一项很伟大的事业吗？

确实，“做母亲”与以往我们在社会上的其他工作不同，没人给这份工作发薪水，看似也没有职位升迁的空间。但是，你的这份工作关乎着一个生命一生的幸福，关乎着一个大家庭的幸福，至少影响着三代人。试想，如果一个母亲充满了正能量，她培育出的孩子对这个社会将有着怎样的影响？她孩子的孩子呢？这种纵向的影响是通过家族系统代代传递的。而一个正能量强的孩子对与他相关的人的横向影响也是不可估量的。

就我本人来说，我曾察觉到我对亲密有一种本能的抗拒，不太会主动向别人示爱，接受别人表达的亲密时也总是感到不太自然。后来追溯原因，我意识到小时候母亲就非常排斥我对她表达的亲密和依恋，而当我把目光聚焦到母亲身上，发现她的母亲对她也是一样。

对爱的理解不同，造成同一种亲子相处模式代代相传，影响了几代人的亲密关系的正常表达。

可以说，一个好母亲，相当于一个民族英雄。但是，母亲的这种价值是隐性的，不像外出工作创造的价值那么显而易见。

改变过分追求苗条的狭隘审美观

说完事业，我们再来说说身材。怀孕会让女性变得臃肿，但是并不见得难看。如今，我们的社会过多强调“苗条”之美，这种审美观使我们对美的认知变得非常狭隘，造成了“非此即彼”的认知偏差。其实怀孕的女人有其独特的美，当然，能否感受到这种美取决于你是否愿意去发现，是否愿意接纳怀孕的自己，是否愿意放下“只有苗条才是美”的固有观念，是否能看到美丽其实有很多种展现方式。

看问题的角度决定了我们的心态

最后我们来说说经济问题。虽然有了宝宝后，你在经济上可能面临一些压力，但是家庭可以为你提供良好的支持。从积极的方面看，可以有很多好处：锻炼你的理财能力；锻炼老公对家庭责任的承担能力；在共同面对困难时，通过相互支持和鼓励，能使夫妻之间的感情更加亲密……在面对一件事情时，看问题的角度决定了我们的心态，这个选择的主动权在你自己手里。

小贴士

“做母亲”与以往我们在社会上的其他工作不同，没人给这份工作发薪水，看似也没有职位升迁的空间。但是，你的这份工作关乎着一个生命一生的幸福，关乎着一个大家庭的幸福，至少影响着三代人。可以说，一个好母亲，相当于一个民族英雄。但是，母亲的这种价值是隐性的，不像其他工作创造的价值那么显而易见。

怀孕会让孕妈咪更聪明

“为啥怀孕后我变笨了呢？头总是晕晕乎乎的，做事情也总是丢三落四的，不是把菜放进微波炉里忘记拿出来，就是不记得自己的眼镜放在了哪里，工作中也经常出错。我很担心自己的智商就此下降，难道真的有一得就会有一失吗？”说到“孕傻”，很多孕妈咪纷纷表示自己的头脑不灵光了，她们担心将来生了孩子之后，不能像过去一样聪明了，这种想法令孕妈咪们感到沮丧。

俗话讲：“生娃笨三年。”这是有一定根据的。有研究发现，当女性怀孕后，的确有可能出现记忆力衰退和认知能力下降等问题，通常我们称此为“孕傻”或“婴儿脑”状态。

健忘、注意力难以集中、疲劳、协调能力降低……这些现象可能与女性怀孕前后体内激素变化、睡眠质量下降及注意力分散等诸多因素有关，并不能简单地归因于脑力、智力下降。产前产后女性体内雌激素、孕激素水平变化很大，这种变化可能导致女性情绪相对低落，对周围事物的反应减缓，严重的会有抑郁表现。一般来说，在女性产后月经周期恢复，体内激素水平趋向正常时，该现象会逐渐消失。

虽然孕妈咪会出现上述表现，但是也不用悲观。现代医学证明，做妈妈会让有的女性更聪明。

感官能力增强

怀孕后，你会发现你的嗅觉变得更加敏感，这会令我们避免食用过期的或有毒的食物。有些孕妈咪此时出现健忘现象，是因为此时大脑专注于怀孕和分娩，以及如何成为一位母亲，对于“指甲刀放在哪里了”这样的问题，你自然没有那么多的精力去记得那么清楚。

学习能力增强

初为人母的你，通常可以在积极的情绪下学习到许多新的、具有挑战性的技能。很多孕妈咪此时开始主动学习并钻研教育学、营养学、医学护理等方面的知识。怀孕对孕妈咪来说，是一个很好的学习驱动力。

如果说怀孕后有的孕妈咪会更聪明，那么传得沸沸扬扬的“生娃笨三年”的说法是怎么来的呢?

大脑对工作重点有所调整

在怀孕期间，孕妈咪的大脑工作速度相对较慢，但这并不是说大脑变得简单了，而是大脑对工作的重点进行了调整，将重点放在了照顾孩子身上。

心理暗示的结果

研究发现，即使孕妇和非孕妇做相同的工作并取得相同的成果，外界也往往认为孕妇的能力不足，工作完成得不够好。因此，孕妈咪渐渐就有了“我不够好”的心理暗示，对自己所犯的任何错误，即使是很微小的错误，也会变得更加敏感，从而强化了“生娃笨三年”的想法。

自我要求过高

现代女性，尤其是职业女性对自己的要求更加严格，她们对自己职业生涯的期待更高，因此，面对的压力也就更大，对自己的生理变化带来的改变就更难以接受。

缺少足够的支持

许多孕妈咪没有从朋友或者家人那里得到足够的支持，大家通常不太理解孕妈咪那种发现自己变笨后的恐慌感，而是用负面的“生娃笨三年”来劝慰，使得孕妈咪的自我感觉更糟糕。

新妈咪的记忆力受睡眠影响

为什么说“生娃笨三年”呢？因为怀孕时，孕妈咪要面对孕吐和身体负担变重等问题，当孩子出生后，新妈妈会更加辛苦，要面临晚上每隔两三个小时就要起来喂奶的情况，睡眠变得支离破碎，有时候连洗脸都顾不上。不论是谁，如果长期每天睡眠少于 5 个小时，那么他还有精力记忆其他事情吗？

新妈咪的大脑进化得更加聪明

孩子出生后，新妈咪需要处理更多的问题，需要学会很多技能以满足孩子的需要。当她处理多种信息时，大脑的多个领域同时被激活了。因为当有了孩子后，能同时处理多个任务变得至关重要：一边给孩子喂奶，一边将一堆脏衣服扔进洗衣机，还要考虑午餐做些什么，并在心里暗暗计算喂奶后午餐前有没有足够的时间给孩子做些辅食……新妈咪能在长期劳累的状态下完成照顾孩子的各项任务，即使在熟睡中，也能听到微弱的哭泣声。所以说，新妈咪的大脑每天都在高速运转，难道不是吗？

小贴士

在怀孕期间，孕妈咪的大脑工作速度相对较慢，但这并不是说大脑变得简单了，而是大脑对工作的重点进行了调整，将重点放在了照顾孩子身上。因此，孕妈咪们不要被“孕傻”所吓倒，这只是暂时的。

甩掉孕期的完美主义

对于很多家庭而言，孕育生命是一件天大的事，因此，上至爷爷奶奶、姥姥姥爷，下至爸爸妈妈，大家都对这个小生命十分关注。在如此强烈的关注中，孕妈咪们更加珍惜肚子里的小家伙，尤其是一些“高知”妈妈，博览群书后俨然成了孕产专家。可是这些为提高孕期质量而提出的高标准的要求，反而让孕妈咪们变得更加无所适从，因为头脑中的信息太多了，有时候还相互矛盾，这让她们感慨：知道这么多还不如什么都不知道的好！

我的大学同学蓉蓉就深陷在这种烦恼里。怀孕后，蓉蓉的老爸老妈就赶紧来到女儿家，专心照料女儿的饮食起居，蓉蓉怕老爸老妈太累，又请了一个阿姨来帮忙做家务。可是，怀孕不到两个月，蓉蓉就憋不住了，神色焦虑地来找我。

我真的想给宝贝一个完美的孕育过程，但是我时常为此而感到压力很大。为了食品安全，我只买有机产品，现在感觉到经济负担比较大；为了远离污染，我扔掉房子里甲醛含量高的产品。可是当我上街时，一遇到有人抽烟这种情况，我就会非常愤怒。我看到书上说，孕妇需要运动，可是到底该做多少运动算是正好合适呢？有时候感觉做多了，有时候又感觉做少了。

蓉蓉诉说的烦恼反映了她强烈的完美主义倾向。孕妈咪了解孕期知识是很有必要的，但是如果疯狂地追求“完美怀孕”，必然会使自己“压力山大”。

每个人的心中多多少少都会有一些完美主义的倾向，希望无论做什么事都能够尽善尽美，但这仅仅是“希望”，并不代表要不计一切代价、不分实际情况地去达到。

像蓉蓉这样，追求食品的纯净无污染，以至于产生经济压力，为了远离污染，搞得上街都不能安心，想要运动却总为是否适量而焦虑，这种对完美的追求已经给心理造成了消极的影响。难道要生活在真空中吗？孩子将来是否也只能生活在真空中？

很显然，这是不切实际的。就食物而言，只要保证营养均衡，注意去除农药的残留就可以了，但对于孕妈咪长期爱吃的特定食物，应该更加注重品质。主动远离有毒物质是有必要的，但是你无法要求别人也这样做。如果你用过于完美的标准去要求别人，难免会造成人际关系障碍。从运动方面来说，只要你自己感觉合适就可以，毕竟，每个人的体质不同，不能一概而论，听从自己身体的感觉才能知道多大的运动量最适合自己。

追求十全十美的孕妈咪要求自己所做的每一件事都完美无缺，从另一个角度来说，即有很强的占有欲、控制欲，具有强迫倾向。在某些事情未完成时，就会产生相当强烈的焦虑感。

力求完美的孕妈咪们，为了掌控即将成为妈妈这件事，一定了解了很多孕期的知识，但是，即使你严格遵照了每一个建议，注意到了最小的细节，你依然无法控制一切，

你会发现，依然会有这样那样的问题出现。

生活中，我们无法真正掌控一切，这是无法改变的现实。因为在生活中，我们会不断遭受来自外界的压力，所以我们一方面需要发挥主观能动性，另一方面也需要顺应环境。放轻松吧，凡事物极必反，我们永远得不到所追求的完美，或许应该将标准降低，追求“差不多就行了”。这不是敷衍或无奈，而是一种智慧，种对自己的信任和解放。

小贴士

追求十全十美的孕妈咪要求自己所做的每一件事都完美无缺，从另一个角度来说，即有很强的占有欲、控制欲，具有强迫倾向。在某些事情未完成时，就会产生相当强烈的焦虑感。

孕妈咪的魅力无可替代

怀孕后，女人的身材发生了改变，昔日那些漂亮的衣服统统被淘汰，就算遇到自己心仪的衣服，也只能看着自己日渐隆起的肚子望洋兴叹。很多孕妈咪为了方便，把头发都剪短了，形象发生了180度的大改变。呕吐、尿频、嗜睡等种种孕期反应将有些孕妈咪折磨得疲惫不堪，更加顾及不了形象。这时候，有些孕妈咪就开始丧失自信，尤其是如果老公再不懂得怜香惜玉，更会让孕妈咪的心情雪上加霜。

有一个孕妈咪发邮件给我，说她最近睡眠很差，一夜会醒四五次，都是噩梦惹的祸，有时梦到老公喜欢上了别的女人，自己也会气得从梦里醒来。

后来她向我详细诉说了她的情况。

其实刚怀孕时，我不是这样的，但就在我老公换了一家公司之后，我发现自己的梦境变了。虽然老公平时对我很好，也保证不会有这样的事发生，但我还是担心。我怕他在美女如云的外企经不起诱惑。而且自从怀孕后，我的脸上起了好多痘痘，脸色也不好，身体也胖了一些，不能穿以前的那些漂亮衣服和高跟鞋了，我总是担心生完宝宝后身材也恢复不了。特别是怀孕后不再工作了，和社会的脱节让我变得更加不自信。

老公说要让我做世界上最幸福的孕妇，可我只是个白天幸福的孕妇，晚上还是生活在噩梦之中，总是纠结他会不会找第三者。只要梦到这个我就会大哭，然后跟老公大打出手。

我真怕我的这些噩梦会影响宝宝的性格发育，怕他以后会有暴力倾向，真不知道该怎么办。

对自己缺乏信心，对老公也不信任，这些是孕妈咪容易陷入的情绪沼泽地。日有所思，夜有所梦。要赶走夜间的噩梦还要从白天的“所思”谈起。

让我们一起看看这位孕妈咪的烦恼：怀孕后不再工作、和社会脱节让她不再自信，容颜和身材的改变让她对自己的外表也失去了信心，而老公换到了一家美女如云的外企则成了她噩梦的导火线。

从她的描述中可以看出，这位孕妈咪至少可以从以下几个方面来改变自己。

调整自己的审美取向

目前我们的大众文化对女性外在美的评价标准更多指向“苗条”，这使得很多女性难以忍受自身的肥胖，并担心失去配偶的欣赏和爱。假设我们生活在唐朝，恐怕都要因肥胖而沾沾自喜，因苗条而焦虑了。不同的时代、不同的地区有不同的审美标准，在人的一生中，我们的容颜和体形会发生各种变化。如果我们一直希望自己保持不变，那无异于一个三十多岁的少妇不能接受生活带给她的成熟美，而一味想保持自己十几岁少女时的青涩美，这是一种不必要的执着。时间不是美丽的敌人，而是美丽的代言人，它让女人在不同的人生阶段展现不同的美丽。谁说老妇人满脸的皱纹不美？那道道皱纹里写满了属于她自己的人生故事。如果多关注一些孕妈咪在网上晒出的大肚照片，这位朋友或许就能体会到属于怀孕这个特殊人生阶段的独特之美。希望各位孕妈咪能珍惜当下，细细体会你此刻的美。

每天给自己积极的暗示，增强自信

如描述所言，这位孕妈咪的老公其实并没有什么不当的行为，只是这位孕妈咪自己因为自卑而疑神疑鬼，夜晚的噩梦都是自己自卑的投射。而想要加强自信首先可以从“自爱”开始，每天寻找自己值得赞美的地方来不断地给自己积极的暗示，如“我今天散步的时间比昨天多了 5 分钟，我真勤劳”“我今天听了一首新的曲子，进行了音乐胎教，我真是个好妈妈”，这些都可以用来自我激励。

孕妈咪还可以通过微信等社交软件发布或传递自己的照片，向外散发积极的能量，吸引更多的亲戚朋友和其他孕妈咪来关注自己。平时也可以参加一些孕婴网站的活动，增加一些育儿知识，多给自己补充一些正能量。当老公看到每天活得很滋润的你，自然也会被吸引。而那些不断向老公散发负面能量的“怨妇”，只能把老公推得越来越远。因此，想办法让自己活得健康快乐是根本。

增加沟通，改善精神健康

一个人的精神状态是否健康，可以通过沟通方式来测量。通常来说，沟通方式有三种：利用语言和肢体与其他人沟通、虚拟沟通（信息沟通源于自己而终止于自己）和恃物沟通（利用工具进行信息沟通，如通过书籍、手机、电脑等获取信息）。当语言和肢体沟通占沟通总量的 60% ± 10%、虚拟沟通占 20% ± 10%、恃物沟通占 20% ± 10% 的时候，人的精神相对健康。

对于那些放弃了工作赋闲在家专门养胎的孕妈咪来说，因为一个人在家，有时候四体不勤，不爱出门运动，很容易造成虚拟沟通过多，造成精神上的不健康。闲者易生事，就像这位孕妈咪，对第三者的猜测完全是无中生有。

改善这种状况的方式也很简单，即多与他人面对面聊天，同时增加一些肢体和恃物方面的信息交换。你可以在家附近或者网络上寻找其他孕妈咪结交为朋友，也可以和老公多一些肢体上的接触（如相互按摩），也可以动手为腹中的宝宝布置房间，准备衣物和玩具，读一些育儿类书籍等，提高语肢沟通和恃物沟通的占比，降低虚拟沟通的占比，从而改善精神健康，避免让过多的胡思乱想来折磨自己和他人。

小贴士

在人的一生中，我们的容颜和体形会发生各种变化，如果我们一直希望自己保持不变，那无异于一个三十多岁的少妇不能接受生活带给她的成熟美，而一味想保持自己十几岁少女时的青涩美，这是一种不必要的执着。时间不是美丽的敌人，而是美丽的代言人，它让女人在不同的人生阶段展现不同的美丽。而孕妈咪的美丽，是一种独特的母性的美。

消除不良情绪

很多准爸爸说："一怀孕，媳妇怎么就变得喜怒无常了呢？上一刻还是'大晴天'，下一刻就开始'下雨'了。真琢磨不透！"孕妇喜怒无常的情绪不仅让老公烦恼，也经常让孕妇自己懊悔。

我明天就怀孕30周了，最近觉得自己特别喜怒无常，尤其是对着老公的时候。前一刻还是很高兴的，但稍有点不顺意就心情低落，闹脾气，哭得稀里哗啦的。有时还会跟老公斗气，还把肚子里的小宝贝都利用上了。我知道这样的情绪会影响到胎儿，可是不发脾气又怕憋坏自己，发脾气之后又觉得很对不起宝贝，宝贝还没出生就跟着我受委屈。我痛恨自己是个不负责任的自私妈妈。想到这些我又会哭个不停，心情更加低落，一切都在恶性循环。我不想让自己变成这样，可是自己又不知道该如何改善。

很多孕妈咪都爱和老公斗气。因为在孕期，孕妈咪对老公的依赖明显加强，所以老公很容易成为孕妈咪的发泄对象。在怀孕期间，女性体内激素水平会有显著变化，这种变化将使女性比以往更容易感到焦虑、烦躁或不安。因此，孕妈咪喜怒无常的不良情绪，往往与这种生理上的变化有关，这种生理性变化一般是难以避免的。孕妈咪要做的是，尽量调整自己由生理变化引起的情绪变化，通过做一些力所能及的事情去克服自己的这种不良情绪。同时，还要尽量避免外界影响带来的焦虑，让自己尽量保持心情平静，给胎儿营造一个平和的成长空间。

孕妈咪要做到身心平和并不容易，在这里，关于如何消除孕期的不良情绪，我给大家支几招。

预先告知

如果事先将自己可能产生的不良情绪告知他人，他人就会对你多一点担待，也有利于你尽早察觉到自己情绪的变化，避免将不良情绪转嫁给他人。“孕期的我情绪波动较大，很容易心情不好哦，你暂时别惹我，否则我可能发泄到你身上。”如果能及时感觉到自己情绪不稳，并预先给他人一个这样的提示，就等于给不良情绪的爆发安装了一个“缓冲器”，自然会减少其产生的不良后果，他人也会对你多一份担待。当然，这个招数不能频繁使用。

远离令人心情糟糕的环境

面对令人不愉快的事，如果你觉得很难控制自己的情绪，可以主动离开令人心情糟糕的环境，把不愉快的事情暂且放下。不妨到楼下去散散步，听听小鸟的叫声，看看美丽的花草，感受一下孩子们的童真……总之，在你无法解决掉麻烦的时候，就用能让人感到积极快乐的东西来转移自己的注意力。

通过写日记发泄

积压在心里的不愉快的情绪是需要发泄出来的，但发泄不良情绪时不一定非要将老公当作出气筒，我们完全可以寻找尽量不伤害他人的表达方式，比如写日记宣泄一下。当情绪被宣泄出来，你身体中的不良情绪就减少了一大半，甚至完全消失了，恢复身心平和的状态，这也避免了对自己身体及腹中胎儿的伤害。

绘画

当你感到自己的消极情绪占主导地位时，你可以通过绘画把这部分情绪表达出来，利用色彩和线条表达你的愤怒、抑郁，待情绪得到了充分的表达，不良情绪就会渐渐消散。同样，你也可以利用绘画来描绘你所感受到的和想象到的美好场景，勾勒出孩子出生后一家人其乐融融的画面。绘画可以充分扩展你的想象空间，也会对情绪起到很好的平复作用。

听令人放松的音乐

经常听令人放松的音乐能有效缓解人的不良情绪，例如《高山流水》《良宵》《梅花三弄》《太湖美》《平湖秋月》《春江花月夜》《雨打芭蕉》《春风得意》等曲子都会令人平静下来。孕期会有很多空闲时间，大家可以找一些轻音乐，选择适合自己的曲子来听。这不但有利于缓解情绪，而且是一个不错的胎教机会。

做手工

当孕妈咪为将要出生的孩子准备衣物用品的时候，内心很容易被美好的憧憬所填满。同时，看着自己亲手制作的小玩意儿，又会产生强烈的成就感，这是补充正能量的好方式。你还可以经常把为孩子准备的东西拿出来把玩一下，并想象孩子出生后使用它们时的可爱样子。在那种情景下，你一定是一位面露微笑，内心洋溢着幸福的准妈咪。如果你的内心每天都能多一些美好，那么消极的情绪就很难有容身之地。

小贴士

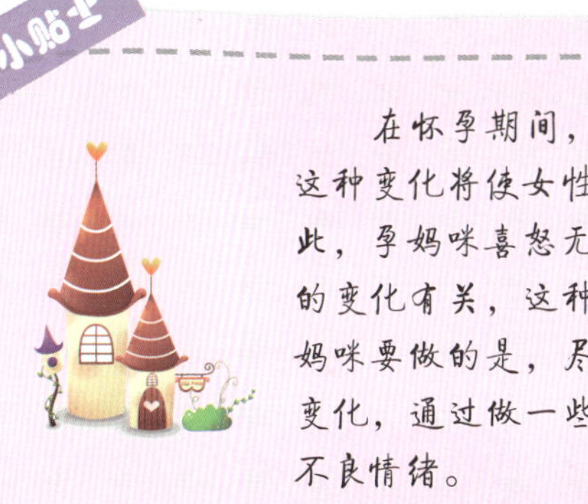

在怀孕期间，女性体内激素水平会有显著变化，这种变化将使女性更容易感到焦虑、烦躁或不安。因此，孕妈咪喜怒无常的不良情绪，往往与这种生理上的变化有关，这种生理性变化一般是难以避免的。孕妈咪要做的是，尽量调整自己由生理变化引起的情绪变化，通过做一些力所能及的事情去克服自己的这种不良情绪。

远离过度“关心”

怀孕之后，孕妈咪会收到很多来自亲人、朋友以及同事的关心，有的关心让人感到温暖，而有的关心则令人讨厌。有一次，我去看怀孕的闺蜜暖暖，她就向我抱怨了一大堆令人讨厌的“关心”。

我怀孕之后，亲朋好友和同事都很关心我，但是有些关心真是令人讨厌，比如有的人一见面就问我：“又长了多少斤呀？”“哎呀，你怎么长斑了？”真是哪壶不开提哪壶。更可气的是，还有对我长吁短叹的：“你完了，你即将踏上不归之旅，只要一年的折磨，很快你就会变成黄脸婆了。”我还亲耳听到有人用那种幸灾乐祸的口气对我老公说：“有了孩子，你就别想再出来找哥们喝酒了！”或者说：“这回该有你们两口子受的了！”当我的肚子大起来的时候，很多人愿意摸我的肚子，甚至有的男同事也这样做，我有时候感到很不舒服，但是又觉得人家是好意，也不好说些什么。当然，有很多关心是令人舒服的，可是也有一些关心真的很令人讨厌，但是我又不知道如何摆脱。

女性怀孕后，随着体内激素水平的变化，体形也发生了巨大的变化，像暖暖这样的孕妈咪对此变得很敏感，尤其是听到别人的批评的时候。我们很难保证别人给予我们的都是良好的祝愿，有时候有些言行会让我们感到尴尬和被孤立。

这些关心让暖暖感到不舒服，是因为这些人触碰到了她的敏感区，并且容易让人产生消极的感受。还有一些人的关心是出于主观臆断，非常粗鲁、不礼貌，很容易影响孕妈咪的心情。

在这种情况下，如何保证自己的心情不受这些负面因素的干扰呢？让我们根据情况逐一分析应对。

面对令人讨厌的问题

体重对很多女人来说属于隐私，平时别人也明白这个道理，一般不会轻易询问。但是到了孕期，人们似乎就忘记了这个礼仪，孕妈咪越想回避就越被追问。如果孕妈咪感觉不舒服，不妨反问对方：“为什么你对这个问题这么感兴趣呢？”当孕妈咪把球踢给对方后，就换对方来接招了。

面对不希望听到的建议

很多过来人会被孕妈咪勾起回忆，她们特别喜欢给别人建议，例如你应该怎么做，但是孕妈咪有时候会感到被这些建议所侵犯。对于不想接受的建议，孕妈咪可以给一个中性的回应：“嗯，谢谢你的建议。”对于如何选择，怎样做更适合自己，孕妈咪不必和她们解释自己的看法，去争辩谁对谁错。

面对苛刻的观察

有人可能将你的体重、脸色等和别人做对比，来判断你的状态是好还是坏。要记住：孕期情况存在个体差异，不要受那些言论干扰。当别人非要孕妈咪给出一个回答时，孕妈咪只需要淡淡地说一句“医生说我很健康”就够了。

面对负面、消极信息

有些人看似好意，但是在沟通中向我们传达的都是负面、消极的信息，这些信息会像病毒一样传染，并且关系越近的人越容易被感染，受的影响也越大，这样的信息很容易摧毁我们对生活的热爱。当我们感觉到自己的心情因为听了某人的话而变得低落时，就要提醒自己：我不能被这些负面、消极的信息影响！当我们有了觉察，就有了免疫力，从而可以避免心灵受到污染。

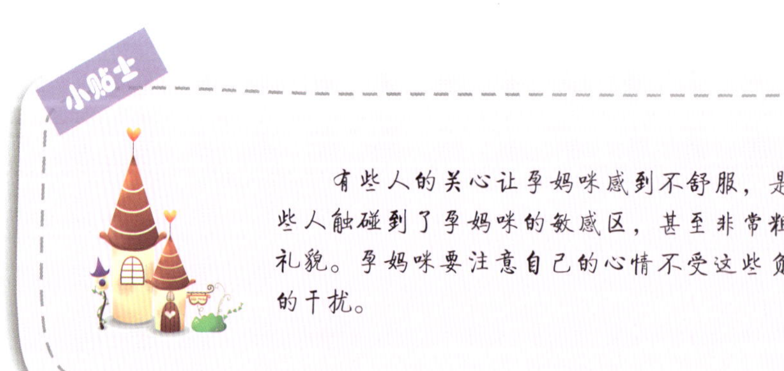

小贴士

有些人的关心让孕妈咪感到不舒服，是因为这些人触碰到了孕妈咪的敏感区，甚至非常粗鲁、不礼貌。孕妈咪要注意自己的心情不受这些负面因素的干扰。

怀孕的你度过“心理断奶期”了吗？

如今，“80后”的女孩们已经成了孕育大军的主体。这一代人基本上没怎么吃过苦，在父母的呵护下长大，虽然结了婚，但是在心理上尚未适应成人的角色，一旦怀孕，因为心理不够成熟，生存压力又大，很容易产生各种心理问题。一位名叫小灵的孕妈咪就给我写了这样一封邮件：

我和婆婆生活在不同城市，婆婆从知道我怀孕到现在快6个月了，她除了偶尔打电话问问情况外，什么都没管过。我父母和我住得很近，平时都是他们照顾我的饮食和生活起居。不细想还没什么，但有时静下心来琢磨一下，这个孩子三家都有份，为什么公公婆婆就能如此省心省力？他们不出力，难道也不能出点钱吗？

老公是普通的员工，就那点固定工资，我月初已经开始休假了，暂时没有收入。一个人的工资两个人花，让我明显感到手头紧巴巴的。每次去孕婴商店，心里都毛毛的，难道还要让我爸妈贴补我们？其实，公婆家的生活条件不错，家里有车有房，我真怀疑我老公不是他们亲生的！他们现在这样既不出钱，又不出力，真不知道将来他们怎么好意思来看这个孙子（孙女）！

如果以后我当了婆婆，绝对不会这样

做，办事这么小家子气，让自己的儿子在丈母娘和媳妇面前都没法硬着腰杆！婆婆和亲妈相差真的不是一点点，这样的婆婆怎么能让我尊敬她？这样的不满情绪，使我时常忍不住跟老公发脾气。

从小灵的邮件中可以看到，虽然小灵已经成家，并且即将成为人母，但是还没有真正独立，还是个依赖父母的小女孩，没有做到“真正离家”。

她说“这个孩子三家都有份”，试问：夫妻两个生的孩子，为什么要让两家老人来承担，还理直气壮地要求？养育孩子的责任，应该只是由小灵和丈夫两个人来承担，与两家的老人又有什么关系呢？

小灵现在一只脚踏进了自己和老公的家庭，但是另一只脚还驻足在原生家庭，这一点从她的父母依然照顾她的生活起居上就可以看出。小灵还把这种界限不清的状态投射到丈夫身上，觉得他的父母也理应如此，既然不像自己的父母那样“出力”，就总该“出点钱”。公婆只是偶尔打电话表示关心，而并无其他表示，这让小灵感到不平衡，与其说怨恨公婆的漠不关心，不如说怨恨公婆既不出力，又不出钱，一点都不管小灵两口子。

小灵的这种要求就像小孩子对父母的要求。小孩子渴望被父母无条件呵护。如今在小灵需要照顾的时候，公公婆婆表现出的距离感和冷漠让小灵感到不满和愤怒，甚至觉得他们不配获得自己的尊重，将来也不配来看他们的孙子（孙女）。

小灵或许到现在还没有意识到自己已经是成年人了，并且已经成立了属于自己的家庭，她还不是很清楚自己在这个时候该承担什么样的责任。

从小灵对父母的要求上可以看出小灵心智的成熟度与她的社会年龄不匹配。当孩子长大后，离开父母，组成了自己的家庭，这就意味着与原生家庭的脱离，从此应该由夫妻两个人一起来承担属于自己家庭的所有责任。这种脱离，并不意味着情感上不再联系，而是应该由自己来承担生活的责任，而不是继续依赖父母。

在很多西方国家，孩子在 18 岁就开始独立，以父母给予自己经济支持为耻，当然，这样的社会文化的形成有经济、历史等方面的原因。中国的亲子关系比较紧密，很多父母在孩子成年后，甚至结婚多年后都在为孩子提供各种支持，这在一定程度上造成了孩子依赖父母和不肯“心理断奶”的局面。

父母给了我们生命，又给我们提供成长所需要的物质和精神资源，他们给予我们的已经足够多了。作为一个已经与父母分离的成年人，如果父母不再给予，那是理所当然的。如果父母愿意给予，那都是超越了他们自身职责的额外的部分。总不能要求一个退休的老人还像一个年轻人一样去上班吧？老人想休息，那是他的权利，他们想怎么做，都是他们自己的事情，我们无权干预，何况是提要求？

如果需要父母的帮助，完全可以提出这样的请求，但是，一定要知道，这是成年人之间的自愿互助关系，对于这样的请求，老人是有权利拒绝的。已经成年的你可以向父母借钱，但是没有资格向父母要钱。

小灵与婆婆不住在同一个城市，公婆是否了解小灵的窘境？小灵是否向公婆求助过呢？如果不曾表达，他们怎么能知道小灵的需要？难道要像妈妈对待子宫里的胎儿一样，自动自发地供给营养吗？

小灵即将成为母亲，但是，在做母亲之前，需要在心理上和自己的父母“断奶”。否则，一个还在依赖父母的女孩怎么去照顾另一个孩子呢？那样的母爱是虚弱而不坚实的。

小贴士

当孩子长大后，离开父母，组成了自己的家庭，这就意味着与原生家庭的脱离，从此应该由夫妻两个人一起来承担属于自己家庭的所有责任。这种脱离，并不意味着情感上不再联系，而是应该由自己来承担生活的责任，而不是继续依赖父母。

孕期失眠有妙招

据某亲子网站对 100 名孕妈咪的调查显示，孕期嗜睡的有 39 人，浅睡的有 37 人，昼夜颠倒的有 11 人，睡眠质量与怀孕前没什么变化的有 13 人。调查结果表明：大多数人怀孕后睡眠质量下降。

睡眠质量对健康有着直接的影响，可是很多孕妈咪都被失眠所困扰。怀孕后兴奋、焦虑、尿频、胎宝宝在肚子里动来动去、腿抽筋等问题都会干扰准妈妈的睡眠，让她们难以一觉睡到天亮。

有个朋友在网上给我留言，诉说了自己失眠的烦恼：

在怀孕初期，我也像很多孕妈咪一样容易犯困，觉得睡觉是一件特别享受的事情。可是到了孕中期，我竟然开始失眠了，半夜醒来就怎么也睡不着，有时候勉强睡着了，睡眠质量也不是很好，总是做噩梦。我很担心睡眠不好会影响肚子里孩子的生长发育。我该怎样做才能拥有高质量的睡眠来保证宝宝的健康呢？

因为这位朋友给我的信息有限，作为心理咨询师，我首先需要和她确认的是：是否请教过医生，排查过生理上的原因？当确认了生理方面一切正常，就要一步步分析和给出解决方案了。下面，我就和大家分享一下我给她做咨询的思路。

接下来我需要进一步问她，在她孕中期开始失眠前，生活中是否发生了一些重要的事情？一般来说，我们可能会受到生活中一些重要事情的影响，这些影响会通过让人失眠的方式来提醒我们去面对一些我们不愿面对的事情，催促我们做出一些改变。

另外，我还想问：她的梦都是什么样的梦？是否有相似的梦境频繁出现？或者虽然梦境不同，但是都有类似的情绪感受？梦也是了解内心的很好的渠道。整理好自己的梦，也是处理失眠的一个好方法。梦中的情绪和感受，很可能是对现实生活的一种暗喻，梦是我们通往内心的一座桥梁。如果总是做噩梦，就要联系自己的现实生活想一想，到底是什么事件或者压力与此相关。

所谓日有所思，夜有所梦，梦境在一定程度上是现实生活的投射。如果我们白天不愉快，夜间的睡眠难免要受影响。那么，我们该如何提高睡眠质量呢？

通过控制梦境来提高睡眠质量

每天早晨记录前一晚做的梦，包括不愉快或者不完整的梦，最好能和家人分享。在第二天晚上临睡前，在头脑中回忆一下前一晚的梦境，告诉自己继续做前一天的梦，直到梦中的问题得到解决。

当我们做噩梦被吓醒时，先理智地思考一下如何应对梦中的情景，也可以虚拟解决的方法。有了策略之后再入睡，我们便会更有勇气和智慧去面对噩梦中可怕的一切，从而扭转梦境。

用“吹气球”的方法来减少压力型失眠

如果你的精神状态过度紧张，情绪不稳定，就可能造成压力型失眠。对于这种失眠，一定要先减压。我们可以想象自己正在用力吹一个气球，把压力和负面情绪都吹出来，最后用力呼气，把那个气球吹向空中。不可思议的是，你会发现头脑立刻变得清醒而理智了。

增加人际交往，抵抗抑郁型失眠

被抑郁型失眠所困扰的人常常表现为表情冷漠，不愿意与人交往，缺乏自信，经常在夜里两三点醒来后难以入睡，心绪繁杂，第二天醒来后有头晕等身体不适症状。这类人都比较内向，有什么问题喜欢自己扛着，往往容易钻牛角尖，经常产生低沉、忧郁的情绪。改善此类失眠的方法是加强人际交往，多参加集体活动。

借助能让自己放松的外物来提高睡眠质量

除上述方法外，你还可以借助一些小技巧来帮助自己入睡。如睡前喝一杯牛奶，泡个热水澡，或者播放一些适合睡前听的音乐来舒缓心情，从头到脚，逐一放松，之后便会进入睡眠状态。

利用食疗来改善失眠

在人们越来越崇尚自然疗法的今天，治疗失眠也可以从食疗着手。这种方法成本低，没有副作用，人们在享受美食的过程中就可以缓解失眠，何乐而不为呢？小米、莲子、百合、黄花菜等一些常见的食物有助于改善失眠，香蕉、苹果、葡萄、乌梅、桂圆等水果也具有安神的作用。孕妈咪可以根据自己的口味进行搭配，制订食疗方案。

小贴士

梦是了解内心的很好的渠道。整理好自己的梦，也是处理失眠的一个好方法。梦中的情绪和感受，很可能是对现实生活的一种暗喻，梦是我们通往内心的一座桥梁。

挖掘高龄产妇的独特优势

自从得知我乐于帮助别人解决心理问题后，一些朋友在生活中遇到问题时也喜欢和我分享。有一天，我过去的一位很强势的女领导竟然也找到我，希望我帮她疏解紧张和焦虑的情绪。

怀孕的女领导一反过去咄咄逼人的女强人模样，内心的母性让她变得柔软。

其实我在20多岁刚结婚的时候就怀过孕，可是因为那时候事业才刚起步，家里的房子也小，只有一居室，觉得自己还没有条件要孩子，于是选择了人工流产。后来事业越做越大，家里的房子也由一居室换成了三居室，我却一直没有再怀孕，我和老公都很着急。去医院检查身体，也都没有问题。医生说工作压力太大也可能会造成精神紧张，从而影响怀孕。后来我狠心放下了经营多年的事业，放松自己，终于在37岁时怀孕了。可是我觉得自己已经是高龄产妇，总担心孩子会不会畸形、身体会不会强壮，担心自己能不能保住这个孩子。虽然到医院检查后各项指标暂时都没问题，但我就是担心，精神也总是很紧张。

“我知道这样对孩子不好，可是我不能放松下来，毕竟我是高龄产妇啊！”过去的女强人终于露出了自己脆弱的一面。从她的声音和表情中，我感觉到她确实非常紧张和焦虑。

如今，孕妈咪可以非常方便地查阅各种孕产知识。于是，有些高龄孕妈咪会被那些负面信息吓着，如高龄孕妇“胎儿可能早产”“妊娠期高血压和妊娠期糖尿病的发病率高”“流产率高”“卵子质量下降，导致胎儿不健康”等信息，都会使高龄孕妈咪感到恐惧不安。而精神越紧张，对胎儿越不利，以上提到的情况就越有可能发生，这是有些高龄产妇难以走出的思维怪圈。

高龄产妇在体质方面确实不如处在生育黄金期的女性有优势。但是，如果总将眼光放在自己的劣势上，心情自然容易被负面情绪所笼罩。其实，高龄孕妈咪也有独特的优势。

高龄孕妈咪拥有成熟和智慧

30 多岁的孕妈咪相对于 20 多岁的孕妈咪来说，虽然在生理方面不占优势，但是像我的这位同事一样，很多高龄孕妈咪已经积累了一定的物质财富，有一定的经济基础，家庭关系和谐，情绪更加稳定。并且，处在这个年龄的女人大多已经学会了宽容，因为已经经历了生活的磨砺，所以可以看开一些事情，宽容别人，也宽容自己，对人性的弱点具有更多的包容和理解。这些都有助于高龄孕妈咪比较从容地度过孕期，更好地养育孩子。

高龄孕妈咪的家庭更加稳定

稳定的家庭是孕妈咪重要的精神支柱。30 多岁的孕妈咪大多已经经历了婚后的磨合期，在心性和感情上基本处于稳定的状态，这样的家庭更适合孩子的到来。处于这个年龄段的父母也愿意承担更多的家庭责任。

高龄孕妈咪除了要看到自己的优势以外，还要针对自己的焦虑做更深一步的觉察：医生已经确认我的身体指标完全没有问题了，为何我还是如此焦虑？是不是在我的焦虑背后有更深的恐惧？找到这种恐惧的源头，去面对它，想想如何处理这种恐惧。如果孕妈咪自己搞不定，可以去寻求专业心理咨询师的指导。

小贴士

很多高龄孕妈咪已经积累了一定的物质财富，有一定的经济基础，家庭关系和谐，情绪更加稳定。并且，处在这个年龄的女人大多已经学会了宽容，因为已经经历了生活的磨砺，所以可以看开一些事情，对人性的弱点具有更多的包容和理解。这些都有助于高龄孕妈咪比较从容地度过孕期，更好地养育孩子。

爸爸锦囊1：准爸爸的“孕期经验谈”

要说起现代社会的“80后”模范丈夫，那真是比比皆是！在和广大的准爸爸接触时，这些准爸爸谈起自己照顾孕妈咪的经验真是滔滔不绝，迫不及待地要和大家分享经验。

把老婆当成孩子

我老婆过去是一家房地产公司的副总，算是一个女强人，也是在职场上叱咤风云的人物，而我只是网络公司的一名搞技术的普通员工。说实话，过去我在她面前强势不起来。但是，老婆一怀孕情况就改变了，因为孕吐得厉害，便辞职回家了。这下她终于回归了小鸟依人的本性，就算过去是公司高管，就算从很多姐妹那里取了不少经，但是怀孕生孩子毕竟是人生头一遭，我看她还是有点战战兢兢的。这时候我在家庭中的地位开始凸显，我要为老婆顶起一片天了！

一怀孕，老婆变得很敏感，需要我更多的关心。我也读过一些关于男女思维不同的书，了解到女人更需要男人的温柔，所以我会经常提醒她别着凉，或者帮她盖盖被子，给老婆肚子里的宝贝读一些童话故事，我能看得出老婆很满足很享受。其实只要注意这些小细节就能让老婆非常开心了！

——准爸爸亚龙

陪伴，比什么都重要

其实我挺理解老婆的无理取闹。她不再上班，去哪儿都不方便，也没有人一直陪她说话，身体又总不舒服，在心理上和生理上都需要家人支持。这时候，她对我的依赖就变得更强了。这很容易理解。过去她有什么事情，可以和同事们说说，可以去唱歌宣泄情绪，可以去逛街，还可以泡吧，可是现在她已经失去了这些宣泄的方式，她当然更需要我了。

我发现过去她没怀孕的时候，我下班后和同事们出去吃吃饭、唱唱歌，她都没什么反对意见。可是自从怀孕，我只要晚些下班，她便不高兴，她需要我帮助她营造一个安全舒适的怀孕环境，我不想让老婆不开心，于是我尽量早点回家，在此期间我把那些能推的应酬全都推掉。我还经常在下班时给老婆带一些礼物，给她惊喜，有时候也会准备一些笑话在下班后讲给她听。我觉得，在怀孕期间，丈夫的陪伴比什么都重要。

——准爸爸小谢

跟爱人多一些身体接触

我曾经听过一些关于如何促进夫妻亲密关系的课程，其中提到了“适当的身体接触会大大促进亲密关系”，这使我很受启发。确实，我们东方人不像西方人有那么多的身体接触，这使我们亲密关系的质量降低。想要使夫妻更加亲密、幸福，适当的身体接触是非常有必要的。

每天上班前和下班后，我都会抱抱老婆小灵，亲亲她的脸，上街的时候我会揽着她的腰，她烦恼的时候我会用手揉开她眉间的“川”字……感谢亲密课程，让我学会了用最简单的方法照顾别人，孕期的小灵很幸福，我自己也很幸福。

——准爸爸亚洲

孕妈咪、准爸爸一起上课

作为新一代父母，我觉得有学习的意识是很重要的。在我家蒙蒙怀孕后，我特意寻找了一个讲孕期心理以及分娩等问题的准父母班，和老婆蒙蒙一起进修。在学习的时候，我和蒙蒙的很多困惑都得到了解答，我们掌握了孕期、分娩、产后的情绪调节以及身体调理等方面的知识，这不仅增长了我们的自信，还大大促进了我们夫妻间的感情。

我觉得，再也没有比夫妻俩共同学习更有意义的事情了，因为这会使我们有更多交流和分享的机会。如果其他准父母想要去上课，可以留意专业的医院或者分娩中心组织的相关课程。上课之前我们最好先对讲师有一定了解，比如讲师自己是否有分娩经验，是否存在偏见，是否能控制课程人数。最好上只有几对夫妻的精品小班，这样讲师可以解答每个人关心的个性化问题。

——准爸爸小贝

小贴士

夫妻俩共同上课，学习如何当准父母是非常明智的选择。当我们对如何为人父母有了了解之后，就能更好地进行沟通和交流，更加从容地应对未来的生活，为美满的家庭生活提供保障。

爸爸锦囊 2：准爸爸要避免的“雷区”

别说你是第一次当爸爸没经验，就算你有经验，你能保证自己每句话都不会踩到媳妇的雷区吗？男人和女人的思维方式本来就不一样，对怀孕的女性而言，她们的情绪以及雷区是有共性的。聪明的准爸爸需要了解这个阶段孕妇的特殊性。

孕妈咪们凑到一起最愿意评说自己的老公了。其中大家公认的最气人的是老公说的以下这些话。当然，孕妈咪们也为准爸爸们提供了更好的沟通方法，准爸爸们一定要学着点啊！

你好像更胖了，脸上的斑又多了……

我本来就为我身材的变化和脸上长的妊娠斑而感到自卑。我老公有一天盯着我看了一会儿竟然说出“你好像更胖了，脸上的斑又多了”这样的话来！女人辛苦地为他孕育后代，不惜遭受身材变形和容貌变丑的代价，他竟然在那里说风凉话！我都怀疑他的心智是否达到了当爸爸的水平！就算我是这样，有必要这么诚实地说出来吗？有必要吗？就算他描述的是客观现实，可是说出来多让人不舒服啊！

如果他细心，就会知道我一直为身材和脸上的斑点而发愁呢。如果他能体贴地说：“老婆，我发现那些生过孩子的女人更有风韵，更有女人味。你本来底子就好，当了妈妈后就会更加有韵味了。”那我该多高兴啊！可惜啊！现在知道找个会沟通的老公是多么重要了。

——小草　怀孕 7 个月

女人生孩子是一件很正常的事，你怎么那么娇气啊……

生孩子在老公看来就像吃饭一样稀松平常！说这话不仅不够尊重我，而且太不尊重女性了！听他说“女人生孩子是一件很正常的事，你怎么那么娇气啊”这句话，我立马就火了，可是他说他只是想鼓励我，说别人能战胜困难，我也能战胜，说我这个新时代的女性会比过去的女人抗压性更强。大伙儿说说，有这么鼓励人的吗？

如果他能分清楚什么是鼓励，什么是贬低，就应该这样说：“当妈妈是女人一生中重要的体验，我们一起来好好珍惜。无论有什么困难，我都会一直和你在一起的。”

——成华　怀孕6个月

就算你怀孕了，难道就不能做些家务吗?

我做的家务他都没看见，没做的倒是看得清清楚楚！他知道肚子里有个“大铅球”时，做事情会多么不方便吗？就算他工作很辛苦，回到家想看到窗明几净的环境，可是我怀孕也很辛苦啊，我的苦和谁说去啊？

假如他说，哪怕是假惺惺地说：“咱家不干净是会影响你的心情的，我也没太多时间打扫，要不周末请个钟点工打扫一下吧。”那我一定会投之以桃，报之以李，一边感激他的体贴，一边高高兴兴地去干活了。

——小樱　怀孕8个月

我晚上需要去女同学（女同事或其他异性）那里帮个忙

要是过去听到这话，我还不会太生气，甚至根本不会在意，可是怀孕时听到这句话怎么就感觉那么不舒服呢？总感觉老公要和异性玩暧昧……也许是我变得敏感了。

如果老公这样说："我已经答应人家了，不好推辞。但是我已经强调老婆怀孕了，等我帮完忙，立刻回来陪你。"我希望他能让他身边所有的异性都知道他老婆怀孕了，这样才能确保我的地位，也能让那些想入非非的女人适可而止。他越在其他异性面前强调我的存在，我就越有安全感。

——艾艾　怀孕7个月

我好累，我很烦

我一个人孤单一天了，晚上终于把老公盼回家了。没想到他面对我的小要求、小撒娇竟然说："我好累，我很烦！"他一次两次这么说，我还能心疼他，可是他总是说累啊烦啊的，我还指望他回家给我带来快乐呢。再累再烦，他能和我比吗？他还有同事可以说说话呢，我却一个人在家，一待就是好几个月，我的烦、我的累，我和谁说去？家是避风的港湾，可是他不知道我正需要他做我的港湾吗？

我希望他能说点话哄哄我，能站在我的角度来考虑一下，说："老婆，最近我工作很忙，顾不上更好地照顾你，等忙完这段，一定好好陪你！"如果他这样说，我还能生气吗？

——风铃　怀孕4个月

我得和哥们喝酒去

我最讨厌老公在我怀孕的时候应酬不断，尤其是那些可去可不去的应酬。要是因为工作需要，我也就忍了。可是他平时就玩心不改，整天呼朋唤友的。难道他就不懂得为了孩子的未来考虑一下吗？而且明明知道我不方便出去，还把我一个人孤零零地扔在家里，他去自娱自乐，实在太自私了！他一出去和哥们喝酒，我就感觉自己在他心中没有他那群朋友重要，气就不打一处来！

我希望他出去时说点话安慰安慰我，至少能让我少生点气。假如他说："老婆，我也很想陪你，可是过去帮助我的朋友因为某某事情要我去聚会。我一定早点回来陪你。"这样，我也不会太干涉他了。

——小倩 怀孕5个月

小贴士

生活中还有很多类似的问题，孕妈咪们的怨言数不胜数。为了老婆不动肝火，准爸爸一定要小心翼翼地呵护她的小暴脾气。记住，孕妈咪好，孩子才好。孕妈咪好，大家才好！

Part2 孕期关系你我他

积极调整与婆家人的情感距离

其实家家都有一本难念的经。就拿怀孕来说，有的孕妈咪因为婆家人不重视自己的怀孕而伤心，还有的因为婆家人太热心关怀自己而烦恼。媳妇与婆家人的情感距离，真的是远了不是，近了也不是，到底保持怎样的距离才合适呢？有个叫冬冬的朋友给我写邮件倾诉了她的烦恼：

这周已经是孕32周了，眼看着就要到预产期了，可到现在我还在为坐月子、房子的事情发愁。

打从知道怀孕起，我就跟老公商量请个月嫂，因为我娘家来不了人，公婆倒是能来，可我怕他们30多年没照顾过孩子，老观念肯定多，到时候再闹矛盾也不好。谁知老公一口拒绝，理由是怕伤害他父母的感情，怕他们会觉得我们不信任他们。难道我自己花钱，给他们减轻负担，还会伤害他们的感情？

上周得知婆婆因为心脏病在老家住院了，我就想：她自己在家，干点轻松的家务都能犯病去住院，怎么可能照顾我坐月子和看护新生儿呢？婆婆委托老公的姨妈先来照顾我，可是姨妈身体也不是很好，到时候万一累倒了怎么办呢？于是我又跟老公提起请月嫂的事，他这回松口了。可是已到了孕晚期，才去找月嫂比较困难，好的月嫂早就被预订完了。

我还想租一个房子，给老公的家人住，或者我们去住。我家现在的房子是60多平方米的两居室，长期来看，婆婆和老公的姨妈一年之中会有半年住在我们家里，老人不愿意扔东西，还总从外面或者老家背东西过来，我家东西就会放不开了。以前我就提过这事，我老公很不乐意，还是害怕伤害他们家人的感情。

现在已经到了孕晚期，这些事情早就应该提前考虑好、安排好，可现在还让我这么操心、这么憋屈。他家人的感情就这么重要，我跟孩子就这么不值得被重视吗？

从冬冬的叙述中可以看出，她表面上是为坐月子和房子的事情发愁，实际上是因与丈夫的家人相处的问题而感到焦虑。

首先她希望是月嫂而不是公婆来照顾孩子，因为月嫂是自己花钱请来的，可以要求她在育儿理念方面服从自己的意愿，可是不能对公婆提这样要求，弄不好还会产生家庭矛盾。

公婆非常主动地来照顾晚辈，那代表着他们的祖辈之爱需要有宣泄的出口。如果拒绝接受他们的爱，阻止他们爱的付出，让他们这种付出的需要受挫，当然会伤害他们的感情。我想冬冬的老公顾及更多的是老人的这种心理感受。在这个层面上，小辈的接受就是对老人最好的给予，而拒绝实际上是对老人最大的吝啬。即使冬冬花钱请月嫂，不让公婆受这份累，也会伤害他们的感情，因为她没有满足公婆付出爱的需要。

鉴于老人的身体情况，冬冬的担心也是可以理解的。但是公婆又锲而不舍地委派姨妈来照顾冬冬，而冬冬已经在考虑房子的问题，看来大局已定，冬冬其实已经接受了

这个现实。

对于一同居住的问题，从长远看，我比较赞同冬冬的说法，最好分开住。因为老人和年轻人在生活习惯、作息规律等方面有很大的不同，分开居住不仅不影响相互照应，还能为彼此留出足够的空间，使双方都不需要在彼此的带有评判性的目光下生活。

但是，对于一直未曾一起生活过，没有足够情感基础的婆家人来说，如果在与媳妇还未曾亲近就面临分离，未免有些唐突。这种距离，对媳妇来说，可能是一种能够避免家庭矛盾的安全距离，可是对婆家人来说，是一开始就摆在他们面前的无法逾越的情感距离。因此，冬冬的老公担心这样做会伤害他们的感情也是有道理的。我想比较合适的方法是，一开始时采用接纳的态度，慢慢再分开生活。

从冬冬的邮件中我可以感受到，冬冬对如何处理与婆家人的关系存在着很多担心和恐惧，并且采取回避的态度，而她老公可能未能体察到，他一直在促使冬冬和他家人的关系朝更亲近的方向发展，这里面暗含了他对父母“渴望付出爱”的需求的积极回应（或许表面上还要做出需要父母前来帮助的低姿态），也是传统男人向父母尽孝道的表现。

冬冬夫妻之间的矛盾就在于此，他们之间未曾深入地沟通过，以至于冬冬的老公不了解她的恐惧，冬冬也不了解他的这种孝顺，因此，冬冬才将自己与婆家人做比较，为老公忽略自己的感受而愤怒。

对于很多由“80后”组成的新家庭来说，有了孩子后，家庭结构将变得复杂，双方的父母也将很难避免地参与到新家庭的生活中来。

就算有些朋友心里想当全职妈妈，但是由于家庭经济方面的压力，有时候不得不出去工作。并不是所有的家庭都请得起保姆，如果没有保姆的话，孩子谁来照看？更多时候，我们需要父母前来帮忙。

有些新妈妈更喜欢在工作中体现自己的价值，本身并不喜欢留在家里照顾孩子，她们觉得照顾孩子的生活枯燥而无聊，体会不到价值感。如果老公对此也秉承同一信念，更会促使新妈妈返回职场。那么，孩子由谁来照看？

还有一些晋升为奶奶的上一辈人，她们将毕生的精力都放在了家庭上，尤其是亲子关系上，当孩子飞出原生家庭的巢，开始独立生活，她们会深感失落和丧失自我价值。如今孩子有了下一代，正是她们延续亲情、找回价值感的契机，因此，她们也会乐于奔赴孩子的家庭来提供帮助。

另外，我们中国的亲情观与西方不同，在西方某些国家，孩子从原生家庭中独立出去以后，生养孩子是自己的事情，与父母无关。而中国的亲情关系比较深厚，还有“血脉传承”的宗族观念。有些爷爷奶奶认为自己的孙子、孙女理所当然是由自己带，怎么可以让别人来带呢？照顾孙子、孙女是爷爷奶奶非常乐意去做的事情。

以上所指的是一部分中国家庭的情况，虽然不能代表全部，但是也有一定的代表性。既然有很多因素让我们不得不面对家庭重组的事实，那么，我们就不应该逃避，而应该采取积极的态度应对。否则，一些孕妈咪担心的事很容易变成事实。

一个新的家庭成员，要融入一个陌生的家庭系统中，需要有与别人都能合得来的智慧，需要扮演好更多的女性角色，不仅是妻子，还是儿媳、母亲等。一个女人嫁给了一个男人，也就意味着嫁给了他的家庭和家族。如果没有这样的观念和思想准备，未来就很难避免家庭矛盾。

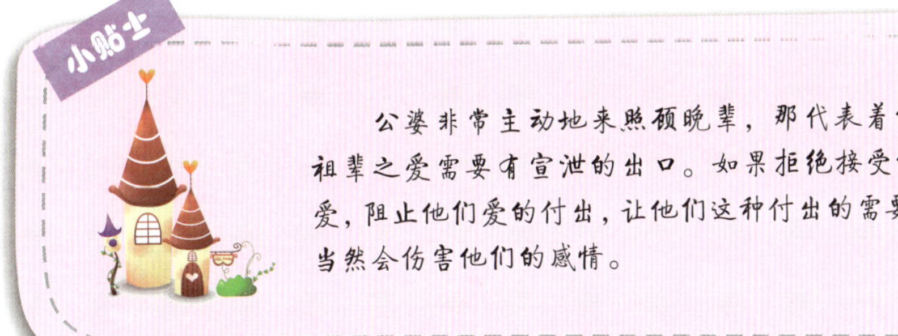

公婆非常主动地来照顾晚辈，那代表着他们的祖辈之爱需要有宣泄的出口。如果拒绝接受他们的爱，阻止他们爱的付出，让他们这种付出的需要受挫，当然会伤害他们的感情。

不必做母女，做好婆媳就行

婆媳两个亲如母女，这是很多媳妇和婆婆的期望，这样的结果需要婆媳二人共同努力多年才有可能达到。如果刚成为婆媳，就希望能像母女一般亲密，这是不可能的。可是有些朋友往往就栽在了这里，我们先看看一位叫小云的朋友的来信：

我和公婆住在一个小区里，但是他们有自己的房子，平时我和老公工作很忙，只有周末回去吃个饭，我和她接触也不多。现在我怀孕了，婆婆主动提出到我家来做饭，一开始我觉得挺幸福的，觉得我和婆婆可以处得像母女一样好，但是很快我就发现婆媳之间矛盾重重。

我一直喜欢漂亮衣服，怀孕后也不想放弃这个爱好。有一天我正在试穿刚买的孕妇装的时候，婆婆来了。我还特别高兴地把新衣服给她看，谁知道她的脸色突然变得很难看，说："怀孕的时候有两套衣服换着穿就得了，为啥要买那么多？我年轻的时候就穿孩子他爸的衣服，不也挺好吗？"我简直没办法和她解释，她总不能像过去要求妇女那样要求我"有口吃的，有身穿的就行了"。谁知道婆婆后来又找到我老公，要他管着我点儿！

有一次，我和老公因为家务问题吵了起来，我气得太阳穴突突地跳，肚子也好难受。这时候婆婆来我家，我想婆婆平时挺心疼我的，就和婆婆数落了一顿老公的不是，本以为她会主持公道，可是她竟然训我："大庆（我老公的小名）上班已经很累了，回家就让他休息休息。你虽然怀孕了，但是做点家务也累不着。你能干就干点吧，何必和他吵架呢？"

天啊，原来她平时心疼我，全都是假的！

当人与人之间有一定的距离，生活上没有太多交集时，就不容易产生矛盾。当婆媳真正在一个屋檐下共处的时候，彼此的价值观碰撞，就难免出现冲突和矛盾。我们与任何一个人由陌生到紧密地生活在一起，都会经历这样的一个过程。

媳妇是由自己的母亲养大的，是在另一个家庭中成长的，不是婆婆的女儿，而是作为一个外来者进入老公的家庭系统中，婆婆怎么可能把媳妇当成女儿一样看待呢？

刚成为婆媳时，双方本来就很生疏，如果在行为上要求双方表现出亲昵与熟悉，不仅自己会觉得虚伪做作，表现出的亲密举动也会变成讨好，有时候可能还会因为不熟悉而表错情、会错意，表面上笑笑说没关系，心底却可能已经产生了误会与猜忌。

因为相互不了解，所以婆媳之间对彼此的喜好、生活习惯等都不熟悉，就容易发生误会和冲突。

如果刚成为婆媳就希望像生活在一起多年的母女一般情深，觉得婆婆会像妈妈一样无条件地接纳你，站在你这边，这样的假设本身就有问题，最后得到令自己失望的结果也就在所难免了，就连很多母女之间还是既爱又恨的呢。

只有在行礼如仪中慢慢沟通互动，带着善意逐步增加了解，才能真正亲如家人。婆媳如母女，那可是多年努力的结果。

婆媳之间沟通上存在的最大问题就是话不投机。这是因为两代女性的成长环境和人生经历差别太大，对生活重视的方面不同。要想避免因沟通不畅而产生婆媳问题，媳妇就要提醒自己多与婆婆沟通，主动与婆婆互动，有任何意见都要说清楚、讲明白，在表达自己意见的同时，也要把为他人的考虑和设想表达出来，将自己想要的结果修饰一下再说出来。

婆媳之间想要真正亲近，关键在于对彼此的理解程度。儿媳要多和婆婆聊天，去了解婆婆以前是怎么走过来的，这样有利于相处时有的放矢，慢慢走进婆婆的内心世界，不让陌生成为你们冷战和尴尬的借口，让她觉得你是一个懂她的儿媳妇，因了解而逐步相互喜欢、包容和关怀，从而营造出婆媳之间的默契。

媳妇需要借助沟通，让婆婆渐渐将想象中的媳妇形象与真正的媳妇重合在一起。很多婆婆也是想讨好媳妇的，但总是因不得要领而觉得受挫。如果媳妇能够帮助婆婆了解自己，那么当婆婆要表达对媳妇的疼爱时，就能有的放矢，使双方的关系逐渐升温。

当你和老公发生冲突时，一定不要找老人“主持公道”，这绝对是夫妻争吵时的大忌，内部矛盾还是内部解决为好。有的姐妹会在愤怒的时打电话给公婆说：“我要和你儿子离婚！”你可能是想获得公婆的支援，但是结果只会适得其反。

第一，家人不可能做出公平的评判。一般来说，你的父母会向着你，而他的父母会偏袒他。他们的偏袒和评判只会激起你们之间更大的愤怒和争吵。

第二，父母会对事情进行想象和放大。也许你们只是因为谁来洗碗之类的事情爆发争吵，一旦告诉父母，他们就会恐慌地以为你们想离婚了。有时你们已经和好了，但他们的愤怒还没过去。

第三，告诉父母你们争吵的内容，会引发父母的不满。这种不满会持续很久，而且会日积月累。过一段时间之后你和丈夫恢复恩爱，你会觉得这个丈夫还行，但你父母会觉得他太糟糕了。父母为了你可不会忍受这种不满，他们会表现出来，而这会引发新的矛盾。

在吵架时，如果恰逢父母来访，或是还没和好就到了例行去父母家的日子，不但不能表现出来，还要替对方掩饰。这种行为是一种暗示：我在父母面前保护你。他即使嘴上不说什么，心里也会感激你这种行为的。

小贴士

婆媳之间沟通上存在的最大问题就是话不投机。这是因为两代女性的成长环境和人生经历差别太大，对生活重视的方面不同。要想避免因沟通不畅而产生婆媳问题，媳妇就要提醒自己多与婆婆沟通，主动与婆婆互动，有任何意见都要说清楚、讲明白，在表达自己意见的同时，也要把为他人的考虑和设想表达出来，将自己想要的结果修饰一下再说出来。

接纳婆婆的不接纳

当夫妻两个人走进了婚姻，也就意味着两个家庭的结合。你嫁给了他，就等于嫁给了他社会关系的总和；他娶了你，就等于娶了你的一切，包括你的社会关系、你的父母。因此，婚姻绝不是两个人的事情。如果我们不能与另一半的社会关系和谐共处，自己的幸福就会受到影响。

晓云是个生在农村的女孩，怀孕的她正在为如何与城市婆婆相处而烦恼。难道门不当户不对的婚姻真的没有幸福吗？

我来自农村家庭，家里还有两个正在上学的妹妹。父母辛辛苦苦供我上大学，很希望我能嫁给城里人，未来生活得好一些。我的老公是我大学同学，父母是公务员，虽然家庭条件较其他城市家庭来说一般，但是相比我家那一亩三分地的家当来说要好多了。因为我家境不好，婆婆当初就不同意老公和我在一起，结婚后对我也总是冷嘲热讽的，因此我很少回婆婆家。自从知道我怀孕了，婆婆对我的态度有了明显的好转，隔三岔五地打电话过来，后来干脆搬到我家来住。

有一次她买了很多东西，我就说了一句："妈，上周买的东西还没吃完呢，这样买太浪费了。"结果她听了就不高兴了，开始数落我爸妈："自己女儿怀孕了，也不知道来看看！"我还得不停地解释：

“我妹妹读书需要照顾，家里的地也需要种，爸妈离不开……”

我这边刚解释完，她那里又开始嚷起来了：“你都是要当妈的人了，怎么还不知道收拾家啊，你以为是你们家的炕啊！”

我想，我是不可能和婆婆相处得好了，她总是这样瞧不起我，也许在她的眼里，我只是个传宗接代的工具而已，而且还是农村出品的生产工具。

在和婆婆的相处过程中，晓云从刚开始就陷入了被动局面。虽然婚后晓云一直回避婆婆，但是怀孕了，就不得不面对了。

很明显，出于经济原因，在与老公家庭的对比中，晓云是自卑的，这种自卑感一直折磨着她，随着婆婆的到来，愈演愈烈。

虽然晓云娘家的经济情况不如婆家，但是既然当初晓云老公爱上了她，那么她肯定有很多优点值得他爱。那些优点是什么？晓云自己恐怕都不是很清楚，对自己的优势了解不够，容易造成自卑。自卑源于片面的自我认知，晓云需要找找自己的优势，建立起自信。

另外，谁说农村人就比城市人差呢？农村环境有农村环境的优势，比如农村人普遍淳朴、善良、心机没那么多、热情、好客……晓云在辽阔的农村长大，吸收了土地的营养，又上了大学，熟悉城市的生活，只要晓云发挥出自己的优势来，证明生在农村的媳妇也不差，婆婆自然会欣赏她。

在提到自己的娘家时，尽量不要给婆婆更多的负面信息，尤其是当婆婆对自己的娘家心存不满时。要更多地强调娘家的正面信息，如妹妹多么懂事，家

人之间关系多么融洽等。慢慢让婆婆知道，评价一个人、一个家庭不能只看有多少钱。婆婆不能接纳晓云，而晓云是否能接纳婆婆的这种不接纳是决定晓云内心能否平和的关键因素。

从做母亲的角度，媳妇也要理解婆婆。在婆婆眼里，自己的儿子什么都好，应该找个各方面条件都不错的女人，这样才能配得上自己的儿子，当儿子的选择与她头脑中理想的儿媳妇有所不同时，她可能就会不满意。这说明她没有认清自己与儿子的心理边界，对儿子的生活有过度干涉的嫌疑。即便她儿子娶的不是晓云，而是张三李四，只要与她头脑中的儿媳妇标准不相符，她一样会不满意。因此，婆婆也并非只针对晓云。

因此，对于晓云这样的情况，夹在晓云与婆婆中间的这个男人就显得格外重要了。只要晓云与老公相亲相爱，婆婆就不好再说什么。只要自己的老公在他的原生家庭力挺自己的媳妇，媳妇自然就有地位。当然，晓云的地位更需要用爱来确立，而不是金钱。

小贴士

如果婆婆不能接纳媳妇，那媳妇是否能够接纳这种不接纳？这需要媳妇的智慧和善解人意。这种心态的调整能力对于孕妈咪来说至关重要，因为你的心情直接影响着孩子的身心健康。

毕竟婆婆不是妈

身边的老人们常说，现在的年轻人都生活在蜜罐里。过去她们那代人怀孕，临生产了还要不断地干活，可是现在的小媳妇们一怀孕，娘家人和婆家人都无比重视，恨不得把孕妈咪供起来！可是，生活在蜜罐里的孕妈咪们幸福吗？她们依然有她们的苦恼。下面，我们就听听小琴的倾诉：

要说咱们“80后”也挺幸福的，怀孕了，婆婆、妈妈都很上心。相比之下，老妈的照顾让我觉得更为贴心。老妈老爸来我家时，我这个做女儿的时常还能撒撒娇，想躺就躺，想玩就玩，老妈老爸有啥话都直说。

婆婆可能是做领导做惯了，她说话的方式总让我觉得她是在对下属说话，我感受到的总是命令加一些疏远的关心。可能是性格、文化背景有差异，老妈总是鼓励我好好保胎，婆婆却让我面对现实，我总觉得老妈的话更顺耳。老妈知道怀孕吃什么好、什么不能吃，婆婆却用桂皮、山楂弄了一锅肉，我看到就不想吃；老妈知道我闻油烟味会恶心，婆婆却让我给他儿子炒菜；老妈能理解我随时都会想睡觉，婆婆却不能忍受我忽视她的存在。漫漫孕程，我该如何处理好婆媳关系，既不伤害到老人，也能让我自己感到舒服呢？

一般来说，在妈妈和婆婆之间，当然是和妈妈在一起会感觉更舒服一些。多年在一起生活所积累的情感，生活习性上的相互适应，自然使关系的亲疏远近有所不同。

妈妈和婆婆的本质不同

孩子是妈妈生命的延续，妈妈对孩子的爱可以是无条件的，直接的。不管孩子如何，妈妈都会在背后默默给予支持，因此在妈妈面前，女儿可以无拘无束。可是婆婆对儿媳的情感是间接的，婆媳之间的关系是因为中间的男人而建立的。女儿对于妈妈来说是唯一的，而对于婆婆来说，媳妇只是儿子众多选择中的一个选项，如果不是因为她的儿子娶了这个媳妇，婆媳之间根本就是陌生人。婆婆即使爱媳妇，也是因为爱屋及乌。

妈妈对女儿的关怀和爱，是因为血浓于水，是人的天性使然，而婆婆对媳妇的关心和照顾，是后天的，是道义和责任使然。

因此，媳妇首先不必要求婆婆像自己的妈妈一样爱自己，如果降低期望值，就会减少很多烦恼。

主观意念的强加造成矛盾

很多矛盾就是因为类似“应该如此”和“一定要如此”的想法而产生的，就像婆婆给小琴做了一锅她不想吃的肉，婆婆的初衷是她认为的好意，她认为“你应该如此才会更好”。婆婆有时候会把这样的想法强加在媳妇身上，使媳妇处于无奈、忍耐的状态，最后进入防御、躲避的自保状态。婆婆于是感觉到了隔阂和来自媳妇的排斥，对媳妇产生“好心没好报”的愤怒，接着暗地里将情绪宣泄给儿子，而那些情商不高的儿子，可能会直接批评自己的老婆，或是暗地里讥讽。如此一来，三个人的关系出现了裂痕，彼此越来越倾向于从负面的角度去揣测对方的看法，就开始了恶性循环。

真正的沟通需要直接而坦诚的表达

很多婆婆其实是想讨好媳妇的，只是因为不够了解而总是不得要领。因为婆婆和媳妇都难免有一些“应该如此”和“一定要如此”的主观意识，这使得双方都不能真正了解对方，从而产生误会。

有的媳妇希望通过老公和婆婆沟通，用迂回作战的方式消除婆媳之间的矛盾。但是，由于间接沟通难免存在信息误差，老公容易将媳妇和妈妈的意思误传，非但没有达到沟通的目的，反而可能会惹上更多的是非。

媳妇与婆婆之间最好的沟通方式是面对面沟通，如果有不同意见和想法就直接说出来。媳妇在表达自己感受的同时，也需要尽量站在婆婆的立场上考虑问题。彼此真正交换内心所想，才能达成理解，做到宽容。

把婆婆当成“环境”

有些孕妈咪也可能会遇到小琴这样的困惑：如果妈妈和婆婆争相照顾你，该选择谁来陪自己？其实小琴的内心早已经有了自己的看法，想让妈妈陪，但是又不敢说不让婆婆陪。妈妈可以让我们随自己的性子来，婆婆有时候却需要我们随着她的性子来，这是让小琴感觉不舒服的地方。但是，如果婆婆是你无法回避的“环境”，就需要你去适应，去协调，让自己灵活起来。不论是妈妈陪还是婆婆陪，你都是有人爱的、幸福和幸运的人。

小贴士

女儿对于妈妈来说是唯一的，而对于婆婆来说，媳妇只是儿子众多选择中的一个选项，如果不是因为她的儿子娶了这个媳妇，婆媳之间根本就是陌生人。婆婆即使爱媳妇，也是因为爱屋及乌。媳妇首先不必要求婆婆像自己的妈妈一样爱自己，如果降低期望值，就会减少很多烦恼。

与亲妈相处也不易

随着孕期的到来，娘家和婆家的老人开始慢慢参与到小两口的家庭生活中来，家庭关系开始变得复杂。很多孕妈咪的烦恼就是由人际关系引起的。有个网友在一个育婴网站的论坛上发了一个帖子，文章名是《谁能教教我如何和妈妈相处》，全文如下：

大家都说与婆婆相处难，我却无法与我妈妈和睦相处。我非常苦恼，谁能教教我？

我和老公都是外地人，目前在北京生活。我怀孕后，大家商量由谁来照顾我。由于公公婆婆和我爸爸都还在上班，只有我妈退休了，所以就推举她来照顾我。

怀孕9周时，我妈妈不情愿地从老家过来了。我妈妈是个特别节省的人，我不敢触碰她的原则，只好每个月给她一些买菜钱，任由她买那些特别便宜、非常不新鲜的水果和蔬菜，我自己再买些好菜、鱼、虾什么的补充营养。

关于吃什么的问题，从来都是我们矛盾的焦点。她刚来时，我说我怀孕了，不能吃剩菜。我妈妈就非常不高兴，觉得我太娇气了。我买了些燕窝和海参给自己补补，我妈妈觉得我花钱大手大脚。其实，我和老公的经济状况很好，完全有能力吃这些。

她总批评我，说我太娇气，说她自己怀孕时一样整天吃普通的饭菜、一样干活儿，现在的我不也很健康吗，说我是个异类。我觉得特委屈，过去怎么能和现在比？我想让我的宝贝营养更好一些，这有什么错？

我老公感冒了，主动加了公筷，怕传染给我，因为怀孕时不能吃药。可是我妈感冒了，该怎么吃就怎么吃。晚饭时我忍不住给她拿了双公筷，她就特别不高兴，一晚上没理我。我老公看不下去了，想跟我妈谈谈。我赶紧制止了他，毕竟老公是女婿，跟我妈不太好直来直去的。

一说起我产后的事情，我妈妈就说，照顾孙子是婆家的责任和义务，她不会管我的，等我一生完孩子她就走。我在网上论坛里看到好多人都说分娩后跟婆婆相处很困难，我也有些担心，就试探性地跟我妈说："别人都说最好能在自己家坐月子，娘家人能照顾得好些，而且能减少婆媳矛盾。"结果我妈大发脾气，说我想累死她，说我怀孕时她能过来照顾就已经很不错了……我当时就哭了。看到网上那些孕妈晒孕期里和自己妈妈相处的亲密时刻，母女一起逛街给宝贝买东西，一起谈论小时候的事情，我就忍不住掉眼泪。我要怎么跟妈妈相处啊？

从这篇文章的字里行间，能感觉到这个孕妈咪承受了很大的委屈，对妈妈既无奈又有些愤怒。而之所以会产生这些负面的感受，很大程度上是因为她怀孕后，心理上退化到了需要妈妈无条件爱自己的小孩的状态，而妈妈没有给予她所希望得到的爱，这使她感到非常失望。

其实，老一辈人与年轻人在消费理念上有冲突是非常普遍的现象，尤其是经历过物资匮乏的父母这代人，他们自身的安全感非常缺乏，宁愿把钱从自己的嘴巴里一点一点地节省下来存进银行，以抵御未来的不测，也不敢在当下对自己多一点关怀和爱。当这位妈妈让女儿别娇气、吃剩菜的时候，她自己保不齐已经吃了一辈子的剩菜。当她只给你们买特别便宜、非常不新鲜的水果和蔬菜的时候，可以推断，她也一直是这样亏待她自己的。

如今，女儿已经长大，有了自己的生活方式，但是妈妈维持了一辈子的生活模式是不可能在一时之间就改变的。女儿已经懂得了如何爱自己，可是她的妈妈还固守着过去的生活模式。

这位妈妈之所以让女儿感到如此难以忍受，正是因为她一直如此苛求自己，并用对待自己的方式对待别人。妈妈认为在女儿坐月子的时候照顾女儿会“累死自己”，是她目前已经用尽了全力、身心疲惫的一个信号。经历了生活观念、作息习惯、生活环境等各种因素的强烈冲突之后，她可能会想：我如此付出，如此为他们着想，结果女儿和女婿还这样不理解我，如果照顾女儿坐月子，心力会消耗得更多，但是现在我都已经无法承受了……

老公在感冒的时候，主动设置公筷，这是隔离自己、保护别人的一种行为。而当这个孕妈咪给妈妈设置了公筷之后，妈妈发了脾气，这说明她不能忍受自己在生病时被别人“隔离”和“抛弃”。从这一点可以看出妈妈很依赖女儿，并且自身还不够强大，心智也不是很成熟。

如果这位孕妈咪能从一个需要妈妈照顾的孩子的身份中走出来，以一个长大的成年人

的心态去看自己的妈妈，就会看到妈妈同样需要照顾，是需要爱的“没长大的小孩”。一个不爱自己的人是没有能力向别人付出真正的爱的，而已经长大的女儿在这方面是否可以帮助妈妈成长呢？

这个孕妈咪和老公在北京生活，她怀孕后，妈妈从老家赶过来照顾她。可以猜想她和妈妈已经有很多年没有生活在一起了。彼此的理解和顺畅的沟通不是一时就能建立起来的，因此，对妈妈少一些要求，接受妈妈本来的样子，多给妈妈一些关爱和赞赏，让妈妈意识到自己的重要性和优秀的一面，加深妈妈对自我的接纳程度，这样会慢慢增加母女之间亲密的感情。

不要总想着从妈妈那里获取什么，那只是孩子的状态；还要想着可以为妈妈付出什么，这才是大人的状态。即使我们在心理上仍然有孩子气的一面，但也要承担起大人应该承担的责任。

小贴士

如今，女儿已经长大，有了自己的生活方式，但是妈妈维持了一辈子的生活模式是不可能在一时之间就改变的。女儿已经懂得了如何爱自己，可是她的妈妈还固守着过去的生活模式。这位妈妈之所以让女儿感到如此难以忍受，正是因为她一直如此苛求自己，并用对待自己的方式对待别人。

一屋不容“俩妈”

一般来说，孕期和产后只要一方老人过来帮忙比较合适。因为如果双方老人一起驾到，很容易造成关系上的失调。有一个朋友曾和我讲，她生完孩子，双方妈妈都来照顾，结果双方总是互不认可，她夹在中间，一个月就瘦了很多。其他有过类似经历的朋友提起两个妈妈同处一个屋檐下的情形，也是一言难尽。为什么双方的妈妈都来照顾孕妈咪，会让孕妈咪如此难受？面对这样的问题，夹在中间的我们难道只有受夹板气的份儿吗？

有一天，我接到一个咨询电话，这个朋友已经怀孕 8 个多月了，在电话中，她喘着粗气，听上去心情非常沉重，她的烦恼就是两妈相斗，犹如“二虎相争”。

一听说我怀孕，妈妈便兴冲冲地从老家赶过来照顾我。当我怀孕 7 个月的时候，婆婆不放心我的身体，也来到我家照顾我。本来我觉得有我妈妈一个人就足够了，但是又不好驳了婆婆的面子，毕竟人家是好心，所以现在两个老太太都住在我家。但是，她们两个经常为我应该吃这个，不应该吃那个而争吵。

比如我妈高高兴兴地给我买了鲨鱼肉，我那有学问的婆婆就会不屑地说：“《健康》杂志都说了，孕妇最好避免吃鲨鱼肉，因为鱼体内含有的汞可能会影响胎儿大脑的发育。”本来很高兴的妈妈立刻沮丧地回屋去了。有时候她们争得面红耳赤，令我头昏脑涨，我帮着这个也不是，帮着那个也不是。我该怎么办？

婆婆和妈妈虽然有矛盾，双方有时候互不妥协，但是出发点都是为了孕妈咪和孩子好。理解了初衷，有了感恩心理，就不容易烦躁。

首先明确大家的目标一致，之后再去解决分歧就会变得容易。每个人都有自己的观点，人一多，观点可能就会针锋相对，言语不慎，就会引发冲突。

如果双方老人能轮流照顾孕妇，或者一直由一方老人照顾，就会减少很多冲突。但需要注意的是，在劝退老人的时候，一定要由老人自己的子女出面来沟通，并且要站在老人的立场上考虑问题，不要让老人感觉到被排斥。

如果双方父母需要长期在一起生活，就需要协调双方的关系了。我们可以采取家庭会议制来进行沟通。对于孕期饮食以及疗养方式，大家可以在公开公平的环境中各抒己见，发表自己的看法，有什么不同意见也可以当场说出来，最后大家共同商量来决定。需要注意的是，夫妻双方需要事先沟通好，当媳妇的妈妈和老公的妈妈发生争执的时候，最好是老公帮岳母，媳妇力挺婆婆，这样交互处理，效果会比较好一些。

婚姻不仅是夫妻两个人的事情，更是夫妻二人的原生家庭甚至是家族之间的事情。因此，要掌握一些处理这些关系的技巧。平时的生活中，向老公的原生家庭、家族方面示好的事情（比如送礼物），都由媳妇来做；向媳妇的原生家庭、家族示好的事情，都由老公出面来做。

简单来说，在两家的亲戚面前，夫妻二人相互贴金，才能帮助对方更好地融入自己的家族系统，才能巩固彼此在对方亲戚心目中的地位，最后，才能保证自己小家庭的和谐。例如夫妻俩一起给两家亲属买了礼物，而在自己的亲属面前，一定要强调是自己的爱人想到的主意。

所以说，妈妈和婆婆之间的冲突并不是这个家庭的最大问题，只要夫妻二人不受此影响，能一直以感恩之心去体谅双方的老人，并且能够积极巧妙地协调双方的关系，就能够维持家庭的稳定和谐。

小贴士

在两家的亲戚面前，夫妻二人相互贴金，才能帮助对方更好地融入自己的家族系统，才能巩固彼此在对方亲戚心目中的地位，最后，才能保证自己小家庭的和谐。

“催熟”老公

“80后”的一代人，一般从小到大没做过太多的家务，而是将更多的精力放在了学习上，当他们成家立业，自己当父母时，往往生活能力不强，也经常会因此产生冲突。小琳讲的就是这样的烦恼，她正在为老公的不成熟而焦虑：老公自己都还是个孩子，怎么能当个好爸爸呢？

我现在怀孕31周了，可是从怀孕到现在，从没享受过1分钟怀孕的特权，相反的，我们家怀孕的好像是我老公。我心疼他平时上班辛苦，基本不让他做家务，除了做饭以外。他1个月也难得做一两次饭，即使做饭也需要我去买菜，吃完了还让我去洗碗。平时我们都在餐馆吃饭，朋友们都说不可思议，毕竟怀孕时在外面吃饭很不健康。

他每天回家后，什么都不做，没事就躺在床上或者沙发上玩游戏，有时候还会丢来一句：“老婆，帮我把包拿来。”“老婆，帮我倒杯水。”每次我好不容易把屋子收拾干净，但他一回家，就把裤子袜子丢得满天飞，跟他说了好多次，他嘴上答应，就是不改。

怀孕后我容易饿，但心疼老公，不想让他给我做吃的，也不想让他下楼给我买，就让他帮我打电话订外卖。即使这样他都嫌麻烦，还说我浪费钱。为这事我哭了几次，感觉很委屈。

我看到论坛里，很多孕妈咪说即使是半夜饿醒了，老公都会去给自己做东西吃，我不奢望有那种待遇，但为什么帮我打个电话都这么难呢？对于孩子，他也不管。我要他跟宝宝说说话，或者摸摸我的肚子，他也不做，即使做也很敷衍，我估计孩子到现在还没听见过爸爸的声音。

现在，我不仅要照顾自己，还要照顾不懂事的老公，一想到未来还要抚养孩子，心里就觉得像压了一块大石头一样，让我喘不过气来……

其实小琳已经知道问题的所在了，那就是“老公不懂事”。这种情况在怀孕前可能没什么，可是在怀孕后，就显露出了问题的严重性。

但是，老公不懂事，小琳是难脱其责的。小琳“心疼他平时上班辛苦，基本不让他做家务”，使老公养成了这些习惯，结果他什么都不会，失去照顾他人的能力。小琳的老公连自己都懒得照顾，更别提去照顾小琳了。当小琳怀孕后，依然用同样的方式对待他，又希望他能有所转变，懂得照顾他人，肯定是很难的。

如果说小琳的老公不够成熟，那么，小琳爱老公的方式是否成熟呢？小琳和老公的关系有点像母子。如果母亲对孩子的生活大包大揽，那么在溺爱中成长的孩子是不会懂得感恩的，该拒绝时却一味给予，不是仁慈，而是伤害。越俎代庖地去照顾有能力照顾自己的人，只会使对方产生更多的依赖性，这是对爱的滥用。

不过，如果小琳现在意识到了这个问题，开始改变还不算晚。等到将来孩子生下来，身心疲惫的她去照顾“两个孩子”才是更棘手的事情。那么，和小琳有着相同境遇的朋友，应该怎么做才能尽快“催熟”老公呢？

首先，注意沟通方式，说出你的真实感受。

对他说出你现在的感受，告诉他你希望他能给你什么样的帮助。如果他还是拒绝，就把被拒绝后的感受再说出来。但是，不要带着指责和批评的口吻，如：“我都这样了，你还不知道如何如何做。”“你像个爸爸的样子吗？”

比较合适的表述方式有以下几个步骤：

1. 描述事件的境地：“当……”
2. 用情感词汇表明感受：“我觉得……”
3. 表达伤痛与需要，省略指控、责怪对方的部分：“我所需要的是……”
4. 提出目标：“我希望我们两个能……”

其次，用欣赏和暗示让老公自然成熟，即顺应老公的内心需求，使他爱你的行为变成自觉。

像母亲一样的妻子有个特点，就是一边照顾老公，一边指导和掌控他，眼里看到的都是老公不够成熟的处事能力和其他需要改进的方面。在这样的态度下，老公觉得他自己似乎怎么做都达不到要求，索性放弃了努力。好孩子是夸出来的，好丈夫也是欣赏出来的。如果你想让老公承担更多的家务，对孩子更有责任心，不妨将目光放在他细小的努力上，及时、由衷地夸奖他。当然，这些夸奖需要你发自肺腑地说出来，否则就显得很虚伪。

从更深的层面讲，对老公关怀备至，而又对他给予自己的爱感到不满足的女性，给予自己的爱本身就很匮乏。

对于爱的需要，像小琳这样的女性朋友往往嘴巴上不明说，而是用给予来提示对方多爱自己一点，有一种用“给”去“要”的习惯。但是，对方的心长期以来被爱的照顾搞到无法“开机”了，就算可以“开机”，也运转不畅，常常“死机”。

为什么要用这种方式去获得爱呢？往往是因为给予方觉得不应该要求别人。“很多孕妈咪说即使是半夜饿醒了，老公都会去做东西给自己吃，我不奢望那种待遇”，这为什么是奢望呢？

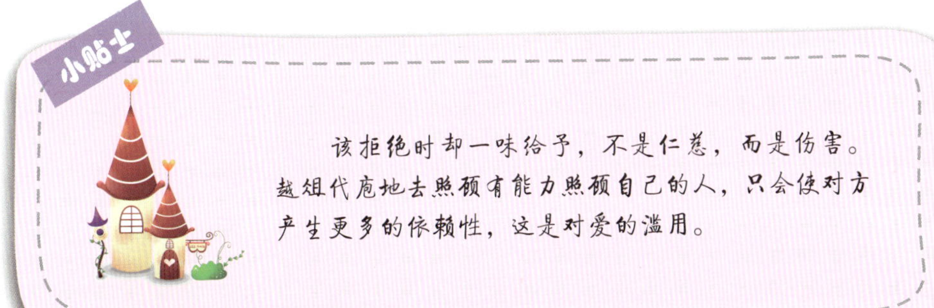

该拒绝时却一味给予，不是仁慈，而是伤害。越俎代庖地去照顾有能力照顾自己的人，只会使对方产生更多的依赖性，这是对爱的滥用。

不要把老公置于左右为难的境地

在孕妈咪患产前抑郁症的原因中，有一个重要的原因就是孕妈咪与老公的关系出了问题。当孕妈咪对丈夫产生了一些新的或者不合理的期望，内心的需求没有被满足时，就会产生各种负面情绪。

孕妈咪小琳打电话咨询我，诉说的正是这方面的苦恼。

这几天，我的心情不怎么好，原因就是老公的老板一直叫老公去出差，可是老公答应过我，这个周末要带我去体检。他一直坚持说不去出差，可是他老板说他连这点事情都不能决定，说他怕老婆什么的。郁闷啊，宝宝又不是我一个人的，我却莫名其妙地成了他背后的“坏女人”。

老公也被老板说得很难受，我都不晓得怎么帮他开脱。看他难受，我也不好受。可是我前段时间一直咳嗽，现在很担心宝宝的健康。我已经怀孕 14 周了，得去检查了，不能再拖了呀。我觉得事业固然重要，但是家庭更为重要，难道不是吗？

小琳的讲述让我的头脑中浮现出一幅场景：小琳的老公一只手被老板拉着，另一只手则被小琳拉着，他处在中间左右为难，老板的脸上有对小琳老公的嘲弄，而小琳的脸上既有对老公的失望，也有让老公为难的内疚。

确实，在这样的关系里，最为难的是小琳的老公。此时，他既想要工作，又想要家庭，结果弄得两方都对他不满意。

小琳觉得家庭比事业更为重要，这是女人们的普遍想法，正因如此，很多女性愿意为了孩子和家庭放弃对事业的追求。但是，对于很多男人来说，他们往往把事业放在第一位。在这点上，可以理解小琳老公的为难之处，他不是不够爱家庭，是突破不了男人头脑里的潜意识，或者说，突破不了男人的本质属性。

另外，即使是最亲密的夫妻也需要尊重彼此的价值观，在尊重的基础上给对方所需要的东西，这才叫爱。爱不是要求对方与自己一致，否则就是控制，而不是爱。

现在只是孕 14 周，育儿的路还很长，孩子出生后的两三年内，育儿工作将更加繁重，之后孩子还会上幼儿园、小学、中学、大学……父母的工作将持续一生，如果不能认清上面所说的问题，小琳对老公的失望仍会继续，而小琳的老公也依然会因无法平衡家庭和工作而痛苦。这时候因为需要老公陪着自己去体检而希望他放弃工作，那么，将来呢？会不会因为孩子生病而需要老公放弃工作？或是因为孩子学习跟不上而需要老公放弃工作？如果老公没有了工作，家庭生活还有没有保障呢？老公自己愿不愿意放弃事业追求呢？

在充分理解和尊重老公的前提下，再和他沟通自己面对的困难，那时候老公会根据自身的意愿做出选择，而没有因为要迁就小琳而勉强的成分，这样，小琳也可以避免内疚。

或许小琳过去还是个需要别人娇宠的女孩，但是现在即将晋升为妈妈，这种人生的转折和角色的变化，需要一个女人有更强大的内心去适应。孕妈

咪正处于从女孩向妈妈过渡的时期，希望所有的孕妈咪在此期间就开始修炼内心，以便顺利完成这一转变。

有些孕妈咪并没有去做这样的心理准备，或者说也不愿意去做这样的心理准备，怀孕后的她们反而变得更加柔弱和依赖他人。在全家给予的“国宝级”的待遇下，有些孕妈妈在享受充分的关注的同时内心也变得非常敏感和脆弱，甚至退行到需要百分百关爱的婴儿状态，完全以自我为中心，似乎丧失了自我照顾的能力和爱别人的能力。此刻，“我需要被爱”的心理诉求超越了一切，如果不能被满足，还会借用特权，甚至以要挟的态度来获取别人的爱。

这样的孕妈咪中有些因为童年时没有得到足够的爱，渴望利用怀孕这一特殊时期来弥补内心的缺憾，所以这时候就变成了一个只会索取的小孩，索取的对象是与自己最亲密的人——老公。而老公原本正常的生活，也会因此变得艰难：爱人需要自己更多的爱，可是要自己放弃工作去爱，爱不起啊！

孕妈咪渴望更多的关注，但老公不能为了满足孕妈咪而失掉生活中其他重要的部分，这便造成了冲突，产生了类似“我和你妈妈都掉进河里，你先救哪一个”的质问，现在的质问是：“我和工作，你觉得哪个更重要？”

聪明的女人是不会问老公上述问题的。如果孕妈咪想弥补自己没有得到足够的爱的缺憾，应该去请教心理咨询师，而不是转向同样需要爱的老公那里，因为有的老公没有足够强大的内心和丰富的专业知识，恐怕他会承受不住。

小贴士

有些怀孕后的女性反而变得更加柔弱和依赖他人。在全家给予的“国宝级”的待遇下，孕妈妈在享受充分的关注的同时内心也变得非常敏感和脆弱，甚至退行到需要百分百关爱的婴儿状态，完全以自我为中心，似乎丧失了自我照顾的能力和爱别人的能力。此刻，“我需要被爱”的心理诉求超越了一切，如果不能被满足，还会借用特权，甚至以要挟的态度来获取别人的爱。

爱他，就允许他有自己的空间

孕期对女人来说是一个在心理和生理上发生重大转变的时期。这个时期，孕妈咪在情感上很容易变得脆弱，对老公产生一种依赖感，希望对方能以自己为中心，时时关心自己，照顾自己。但是，毕竟老公也有自己的工作，这就很容易造成夫妻之间的矛盾冲突。

悦溪正在和老公怄气，她越想让老公关心她，她的老公离她越远，她甚至想到了离婚。真的有离婚的必要吗？

我怀孕4个月时，就回南方的妈妈家养胎了，由此开始和老公分居两地。其实我之前是不想回娘家的，一来是舍不得老公，二来也不放心老公。但是后来，我的妊娠反应很剧烈，也没人照顾我，就只好回到了南方老家。每天，我都是在思念老公和等待老公的电话中度过的。在我走之后，我就发现老公把家中的电话设置成了呼叫转移，转移到他的手机上，这样即使他不在家，也可以佯装在家。被我发现了之后，他才吐露实情，说是和同学去外地旅游了几天。

每次老公和我的通话时间不过一两分钟而已，内容也就是问问我吃了什么之类的，我想多和他说说话，他总说电话费太贵，可他给同学打电话都能聊一个钟头。我变得越来越敏感，比如我走后他改了他的QQ密码，QQ空间也不允许陌生人进入了，因为进入就会有访问记录。我问他为什么这么做，他就说我不给他空间，他觉得他太不自由。

我察觉到我们的沟通出了问题，我想改变，可他的情绪比我的更坏。他不仅没帮我做过什么，还抱怨我太难伺候。我觉得我的婚姻好可悲，连离婚的念头都有了。

成年人的生存空间由三部分组成：工作空间、生活空间和空间走廊。对于悦溪来说，家庭生活几乎成了她唯一的活动空间，而老公成了她唯一的精神依赖，即使她回到了老家。这种单一的情感依赖也造成了悦溪对老公生存空间的侵犯，悦溪对他的在乎和想念让他有一种被紧紧抓在手里的感觉。

控制和支配很容易激起对方内在的反抗力量，但通常越挣扎，束缚就越紧，束缚越紧就越挣扎，这样夫妻之间的关系就陷入了恶性循环。

对于一个人来说，他的生存空间以及所拥有的物品，都是建构安全感的一部分，如果这些条件遭到侵犯或者破坏，人就会感到焦虑、愤怒，甚至会做出一些极端的事情。实际上，我们任何一个人的安全感受到侵害，都会引发人际冲突，夫妻之间也不例外。

因此，即使是最亲密的夫妻，也应该为对方充分保留个人的生存空间以及在空间里的自由，否则，必然会伤害彼此。

悦溪的老公和同学去外地旅游为何要隐瞒悦溪？难道他不可以有旅游的自由吗？他的QQ密码不想让悦溪知道，难道他的这个隐私权一定要对悦溪开放吗？悦溪要求得越多，想控制得越多，老公只会离她越来越遥远，因为他要守护属于他的安全感和捍卫自己的生存空间。

爱一个人，首先要尊重他的生存空间和隐私，保证他的安全感。保持距离和允许独立是对人格的尊重，这种尊重即使在与最亲近的人的关系中，也应该保留。

爱情就像捧在手里的沙，抓得越紧，沙子就越容易从你的指缝间溜走。如果你放松地捧着，它反而会安静地留在你的手心里。

还是关注一下我们自己的生存空间吧。当我们的生存空间里只有老公一个人的时候，对方的一言一行难免让我们敏感。如果拓展一下我们自己的活动空间，把注意力分配到其他感兴趣的事物上，对老公的依赖也就没有那么重了，而老公会获得充分的自由，夫妻关系也会因此得到改善。

爱和沟通是婚姻里的必修课。无论和谁结婚，都需要学习这个课题，逃避是不能解决问题的。

悦溪觉察到他们夫妻的沟通出现了问题，并且想改善，这说明悦溪对自己已经有了反思，这是改变的一个开始。但是如何从根本上改变沟通方式呢?

第一，要意识到你已经对对方造成了伤害，要道歉。

第二，去掉以往沟通中的不良模式，如指责、质问、贬低等。

第三，在与对方沟通时，尽量多和他分享你生活中的乐趣及其他积极正向的东西。

第四，即使对对方有所不满，也要以“我”为主语，而不要以“你”为主语，以“你”为主语进行沟通，容易将沟通引向指责和抱怨。

小贴士

敏感、在乎、想把对方紧紧抓在手里的感觉，实则是一种控制，而控制不是爱，控制是对爱的伤害。控制和支配很容易激起对方内在的反抗力量，通常是越挣扎束缚就越紧，束缚越紧就越挣扎，这样夫妻之间的关系就陷入了恶性循环。

生二宝前，如何避免大宝失落？

越来越多的家长意识到一个孩子成长的孤单，于是在政策允许的条件下开始准备孕育二胎。当有了第二个孩子，妈妈的精力就会越来越多地放在了第二个孩子身上，而对第一个孩子的关注必然会减少。这时候，有些大宝心里就会产生不愉快，甚至对未出生的二宝心生敌意。作为二宝妈妈，你应该如何平息这场对爱的争夺，避免大宝产生失落感呢？下面，我们就和闪闪的妈妈一起讨论这个问题，她此刻正陷于这样的困境中。

根据国家政策，我们符合生二胎的条件，经过一年多的备孕，我终于再次怀孕了。在喜悦当中，我也产生了种种隐忧：我 4 岁的大儿子不太接受他未来的弟弟或者妹妹。因为怀孕，我不能像以前那样抱他，晚上也不再陪他睡觉，他为此常常哭闹，并抱怨二宝夺走了妈妈。更可气的是，身边也总有好事者跟儿子开玩笑："你妈妈有了二宝，以后就不喜欢你了。"儿子信以为真，对我肚子里的孩子更加排斥。等二宝出生之后，我们对二宝的照顾难免会更多，这势必会让大宝更加不满。如何让大宝接受二宝，适应二宝的存在呢？

4 岁的大宝还处于对妈妈的依恋期，当妈妈怀孕不能像以往一样照顾他时，他不能很好地适应这个变化。他不适应二宝的存在，并抱怨二宝“横刀夺爱”，这种行为的背后是对妈妈不再爱自己的担心和焦虑。

因此，妈妈要经常用肯定性的语言告诉大宝：“妈妈虽然会有第二个孩子，但是妈妈对你的爱不会改变。”如果需要在某些行为上做出调整，如不能像以前一样陪伴大宝睡觉，也没必要对大宝解释是因为二宝，以避开他的敌对情绪，可以用“锻炼勇气”等正向的理由安慰大宝，让大宝在正向力量的驱使下适应因二宝到来而发生的一些新的变化。

为了更好地让大宝适应二宝的出现，父母还可以针对幼儿期孩子的特点，人为地做一些铺垫，促进孩子之间的感情。比如让大宝触摸自己胎动时的肚皮，就说二宝在和他打招呼；过节时送大宝一些礼物，就说是二宝拜托自己送来的；大宝在幼儿园有了高兴事，父母可以顺带说一句“肚子里的小宝宝知道了肯定为你高兴”，等等。在生活中渗透二宝对大宝的爱，自然会让大宝接纳和爱二宝。

有了感情的铺垫之后，还可以通过迎接二宝的到来培养大宝的自我价值感和责任感，这对大宝来说，也是一个很好的成长机会。平时可以和大宝讨论二宝降生之后如何照顾他，先听听大宝的意见，发挥他的主动性。之后可以列出很多大宝可以做到的事情，向大宝求助。在能力允许的情况下，大宝一般愿意主动承担一些工作来帮助父母照顾未来的小宝宝。当孩子有了主动帮助父母承担工作的意愿，他的自我价值感和责任感也就自然培养起来了。对于一些习惯以自我为中心的孩子来说，这是一个巨大的飞跃，也是多子女家庭的孩子的宝贵资源。

任何事物都有正反两面。对于反面的部分，家长完全可以将其转化为正面的资源，让孩子获益。当然，如何转化需要父母的智慧。

有些家长在处理子女争夺爱的问题上很头疼，其实有些家长也会因为自己的父母偏心而感到不平衡，也不知道该如何去面对自己孩子之间的这种问题。很多成年人依然会因为父母财产分配不均而感到不平衡，以至于兄弟姐妹之间产生嫌隙，争端不断。这是成年人心智还未成熟的表现。

父母给儿女最大的礼物就是生命，只要儿女已经步入成年人的行列，父母的使命就已经完成，即便儿女还感到不满足，也是自己的问题，已经和父母无关。父母有权利以不同的态度对待不同的儿女（在不触犯法律的情况下）。如果儿女都能有这样的认知，那么在面对自己的孩子时，也会轻松很多。因为理解了自己的父母，也就理解了自己。

小贴士

任何事物都有正反两面。对于反面的部分，家长完全可以将其转化为正面的资源，让孩子获益。当然，如何转化需要父母的智慧。

爸爸锦囊 3：准爸爸的婆媳维和秘方

在我认识的准爸爸当中，许子是最具有幽默感的。当大家都称赞他家婆媳关系亲如母女时，他背地里叹气："也不行！"了解得多了，才知道原来是许子这块"双面胶"做得好，敢情人家背地里没少下功夫。为了给众多准父母谋福利，我没少"采访"他，后来才得到了他的真经秘籍。好东西要和大家分享，现摘录许子语录如下，都是许子对准爸爸们的金玉良言啊。

俗话说："婆媳如天敌。"这对"天敌"在媳妇没怀孕的时候往往因为不常见面，还能相安无事，可是媳妇一怀孕，麻烦事就来了：老妈要是问候得多了吧，媳妇觉得有压力；老妈表现得平淡一些吧，媳妇又觉得不关心她。老妈也有一大堆的传统观念：要尽量生儿子啊，嫌我媳妇懒惰啊，勤俭节约至上啊……也真够我头疼的。两边的诋毁对方的话时常传到我耳朵里，使得我在高压状态下练就了一套维和功夫，现在就分享给和曾经的我一样处于水深火热中的男人们。

婆媳第一战区：生男还是生女

老妈虽然嘴上说生男生女都一样，但是我知道她心里还是喜欢抱孙子。可她一有这样的表现，媳妇的火就来了，表示坚决不当生育机器。这时候我的立场很坚定："如今男女都一样，我喜欢女儿。"时代发展到现在，男孩女孩确实已经没什么区别了，可是我一定要说喜欢女儿，为媳妇留一条后路。平时还要多给老妈洗脑，讲一讲“男孩是建设银行，女孩是招商银行”的幽默说法。只要发现老妈有重男轻女的思想苗头，就把XY染色体的科学道理讲一讲，让老妈清楚地知道，生男孩还是生女孩取决于我。这样如果媳妇生了女儿，老妈也很难说什么。

婆媳第二战区：消费理念大冲撞

老妈那一代人节俭习惯了，看到年轻人花钱大手大脚会非常生气。在买菜、买衣服、洗澡用水、夏天开空调等多个方面，两代人都可能发生摩擦。老妈总喜欢从地摊上买来特别便宜的婴儿衣服和玩具。可是这些东西价廉物不美啊，不仅质地粗糙，还散发着浓烈的刺激性气味。媳妇一看到这些东西就担心影响孩子的健康。

我平时就给老妈剪报纸或从网上打印点资料，告诉老妈衣物、玩具上可能有化学有害物，并且鼓励媳妇和我一起向老妈表态：“我们知道您担心我们未来的经济问题，我们一定会精打细算，尽量节俭，但是宝贝用的东西，不求奢华，质量一定要过关。”

虽然说要节俭，但是媳妇爱美，有时候难免会买几件衣服。老妈的每件衣服价格从来没有超过50元，因此一旦她知道媳妇买一件衣服花了好几百元就会说：“这衣服有什么好的，这么贵！”无形之中用言语限制媳妇的花费，媳妇就会认为老妈干涉她的个人生活，她自己的薪水自己不能做主，难免会憋屈。想让她们之间化矛盾于无形基本是妄想，因此，我们要想办法平息这样的战火。

当媳妇买了衣服，如果老妈问起价钱，打个半价或者多打点折扣报给她，老妈也就不说什么了。如果老妈要发飙，咱做儿子的就只能和老妈背地里撒撒娇：“现在的女人都打扮得漂漂亮亮，您就让她多买几件衣服也没什么。我老婆漂漂亮亮地出去，我脸上也有光。”儿子一撒娇，老妈就屈服了，这招非常好用，一般人我不告诉他！

婆媳第三战区：老妈认为家务活应该由媳妇干

过去在家里，都是老妈照顾老爸和我，我们爷俩没干过什么家务。如今来到我家，老妈很难接受我洗衣做饭，感觉这不是男人该干的，就容易来气。媳妇也会不满，人家也是独生女，从小就没被教育要“家务活全包”。有时候媳妇做家务，我怕她挺着大肚子累着，就过去帮忙，这时候老妈往往会抢着干活，说：“我来我来！”但几次下来，老妈就会对媳妇不满。但是如果老妈让媳妇做家务，我在一旁看电视、上网玩，我心里也不落忍。这时候我必须出面摆明立场：“妈，我媳妇怀孕也挺辛苦的，我一个大男人干这点活儿没什么。”老妈看见儿子挺疼老婆，渐渐习以为常，也就不再叨叨了。

婆媳第四战区：老妈认为媳妇应该在我面前低眉顺眼

有的男人存在一个认知误区，就是在父母面前表现大男子主义，哪怕背后给媳妇当牛做马，他认为只要让自己的父母满意，就有利于家庭团结。可是这样做的弊端是：男人的父母看到自己儿子都不尊重、不爱自己的媳妇，他们也会看轻她，这种轻视会体现在生活的方方面面，反而造成了家庭的矛盾。如果在父母面前表现出对媳妇的爱和呵护，父母可能会爱屋及乌，重视在儿子心中有特殊地位的媳妇，对媳妇在态度、言语上都会比较有分寸，这样反而会减少家庭矛盾。

小贴士

男人是润滑剂，在婆媳关系中起关键作用。一些男人夹在老婆和妈妈两个女人之间，产生了畏难情绪，遇到她们发生摩擦时能躲就躲。可是时间长了，小事情不处理，会积累成大事情。女人的忍耐力是很强，可一旦不再忍耐，爆发起来破坏力惊人，容易不可收拾。为了家庭大计考虑，劝各位朋友好好读读以上的维和秘籍，发挥好“双面胶”的作用。

爸爸锦囊 4：好爸爸的成长之路

当你和爱人准备要一个宝宝的时候，就意味着你们将迈向新的征程，你们要一起学习、适应生活的变化，共同搞好优生优育这件人生头等大事。

积极备孕，不打无准备之仗

要宝宝前，夫妻双方一定要做好充足的准备。首先要做一个孕前检查，毕竟生孩子不是女人一个人的事情，男性生殖系统的健康也是生育健康宝宝的必要条件。如果想把优良的基因传递给下一代，远离烟酒也是非常有必要的优生优育措施。如果准备要宝宝，准爸爸们最好提前半年戒烟、戒酒。另外，保持良好的心情也是孕育健康、聪明宝宝的一个重要因素。

做准妈妈的靠山，从容面对一切变化

面对即将到来的孩子，有的准爸爸在兴奋之余，也会升起对自由和青春岁月的无限缅怀之情，缅怀之余难免会心有戚戚。如果同时还要面对经济压力以及准妈妈的神经过敏、暴脾气等情况，有的准爸爸就容易患上“产前忧郁症”。所以说，当妻子怀孕时，准爸爸的内心成长也要开始了。面对孕妈咪在心理上和生理上的各种变化，准爸爸需要更温柔地肯定她，用心抚慰她的不安。

更温柔、更体贴地照顾准妈妈

每月都有孕期的检查，准爸爸要尽量陪同妻子一起出行，这不仅能使妻子感到踏实，还能和妻子一同了解胎儿的发育情况，如果有什么困惑，还可以和医生以及其他家属及时沟通。生活中的重活、累活以及下厨等事务，免不了落在准爸爸的肩上。当准妈妈的肚子越来越大时，准爸爸需要承担的事情也越来越多。

做准妈妈的好助手

随着身体以及生活的变化，准妈妈常常会出现“变傻”现象，比如会忘记一些重要的事情，或是话讲到一半就忘记要说什么了，这可能会使准妈妈很焦虑。这时需要准爸爸多用一些心，将产检等重要事项事先录入手机备忘录，制订好时刻表，或者为准妈妈制作一些贴纸或便条，贴在冰箱或者其他醒目位置。这些举措都会让准妈妈感觉到准爸爸无处不在的爱。

做个学习型的父亲

知识就是力量。谁都不是天生就会当父母的，很多职业都有上岗证，都需要岗前培训，可是关于父母这项重中之重的工作，并没有人来培训我们，这就需要我们更多地自学或者寻找学习的途径。

有的父亲忽视家庭教育，缺乏对孩子的责任意识，认为自己只要为家赚来足够的钱，将自己的事业经营好，就可以了，而教育孩子是妈妈要做的事情；有的父亲认为家庭教育是自然而然的事情，树大自然直，对于家庭教育没有概念、没有目标、没有方法。这些都是很多父亲的家教误区。因此，想要当好父母，除了以身作则之外，还要多多学习，这是一项终身的工作。

小贴士

知识就是力量。谁都不是天生就会当父母的，很多职业都有上岗证，都需要岗前培训，可是关于父母这项重中之重的工作，并没有人来培训我们，这就需要我们更多地自学或者寻找学习的途径。

Part3 做个快乐的孕妈咪

孕妈咪心情好，才能孕育优质宝宝

早产，是所有孕妈咪都不愿面对的事情。早产不仅与孕妈咪的身体素质有很大关系，还和心理因素有关。如果孕妈咪过于紧张、焦虑或精神抑郁，就有可能增加早产的风险。

林达就是这样失去了自己的孩子。她在没有准备的情况下怀了孕。在怀孕初期，因为出现全身乏力、特别困倦等症状，她以为自己感冒了，就服用了两片感冒药。直到后来月经拖了好久没来，她才产生怀疑。知道自己怀孕后，她一方面舍不得孩子，另一方面又担心自己吃的药片会给孩子造成什么可怕的影响。虽然医生说不会有大碍，但是医生不会做出百分百的保证。林达一方面研究孕期医学，一方面开始了无休止地担心：万一将来孩子有唇裂等畸形，我是要还是不要呢？万一孩子先天残疾，就算我能接受，老公能接受吗？就算老公能接受，得给孩子看病吧。如果孩子……那我还不得操心一辈子！

她越想越紧张，越想越害怕，而越不想往坏处想，头脑却越不听指挥，非要往这方面想，最后进入了强迫性的思维状态。终于，在胎龄三个月的时候，胎儿主动离开了妈妈的身体。

人的情绪与大脑皮质、大脑边缘系统、自主神经系统关系密切。情绪的变化会引起生理上的变化，许多疾病都与患者的情绪有关，而孕妈咪的心理状态对胎儿的影响更大。当孕妈咪精神愉悦、情绪稳定时，血液中有利于胎儿健康发育的激素和化学物质分泌增加，使胎儿的活动更加有规律性，促进胎儿神经系统发育。

相反，如果孕妈咪长期处在悲伤或恐惧中，会使血液中对神经系统和心血管系统有害的化学物质增加，肾上腺皮质激素分泌过多，有可能阻碍胎儿上颌骨的融合，造成腭裂、唇裂等畸形，有的还可能造成早产、死胎。因此，孕妈咪在怀孕期间，一定要注意保持心情的愉悦和稳定。

选择性注意

司马迁在《史记》中就曾记载过周文王的母亲太任在怀孕的时候所注意的“胎教”：“目不视恶色，耳不听淫声，口不出傲言。”也就是说，在怀孕的时候，孕妈咪的各种感觉器官尽量不要接收垃圾信息，不要接收那些会令我们受到重大刺激的信息，而要多接收一些美好的事物，如多看漂亮宝宝的照片，多听优美动听的曲子，多去美丽的大自然中散步等，这些都是为了保证胎儿在母体内的健康成长。

创造情感支持

孕妈咪作为一个特殊的社会群体，特别需要来自家人，尤其是来自老公的情感支持。但是如果家人真的顾不上自己，我们也不要较劲，不要钻牛角尖。孕妈咪可以在周围的环境中，主动认识新朋友，学会寻求帮助，享受信赖他人的美好。但同时不要以为自己是孕妇就可以在家里“挟天子以令诸侯”，除了索取爱，也需要付出爱。

学会放松

孕妈咪平时要注意调节自己的心性，除了多散步之外，还要学会一些自我放松的方法。如当情绪不稳定时，可以洗个热水澡，睡前喝一杯牛奶，或者在睡前听一些安静舒缓的、有助于睡眠的音乐，还可以躺在床上，从头到脚，放松身体的各个部位。总之，放松的方法有很多，可以多选择那些适合自己的方法。

寻求专业的心理救助

如果我们受到了意料之外的精神上的重大打击或创伤，或者像林达一样患上了强迫症，长期处于焦虑、恐惧的状态中，就一定要寻求专业的心理治疗，以防身心受到更严重的伤害。

小贴士

当孕妈咪精神愉悦、情绪稳定时，血液中有利于胎儿健康发育的激素和化学物质分泌增加，使胎儿的活动更加有规律性，促进胎儿神经系统发育。相反，孕妈咪的情绪悲伤或恐惧，会使血液中对神经系统和心血管系统有害的化学物质增加，肾上腺皮质激素分泌过多，有可能阻碍胎儿上颌骨的融合，造成腭裂、唇裂等畸形，有的还可能造成早产、死胎。因此，孕妈咪在怀孕期间，一定要注意保持心情的愉悦和稳定。

做自己情绪的主人

扫码测试
孕期焦虑指数

怀孕期间，孕妈咪们可能因为种种身体不适，丧失工作成就感，不方便社交而自我封闭，担心经济问题，忧虑胎宝宝的健康等，从而产生失落、抑郁、焦虑、易怒等多种不良情绪。这些负面情绪不仅会影响孕妈咪的身心健康，对胎宝宝也十分不利。

因为胎宝宝生长发育所需的营养成分，是由母亲通过胎盘提供的，母亲的情绪变化会影响营养的供给、激素的分泌和血液的化学成分，孕妈咪的不良情绪可能会增加宝宝在未来发育过程中遇到健康问题的风险。所以，为了自己和孩子，孕妈咪们一定要学会对自己的情绪负责，管理好情绪。

体察自己的情绪

当感觉自己心里不舒服的时候，要问问自己："我现在的情绪是什么？"如果你对老公热衷于看足球比赛而感到气愤，大声斥责他没有爸爸样儿，就可以问问你自己：为什么训斥老公？训斥老公前自己是什么感受？如果你发现自己有很多次都是因为老公冷落自己而生气，你就可以为这类情况选择更好的处理方式。

如果发现是因自己情感上很孤独、对老公过于依赖而生气，你可以针对“如何让自己变得不孤独”下功夫，而不是只依靠老公这一个渠道来给自己支持。

有些人觉得负面情绪很不好，不应该有负面情绪，因此不肯承认自己有负面情绪，或是当出现负面情绪时拼命压制它。这些做法对身心健康都很不利。情绪只是表达内心世界的一种方式，提醒我们需要做些什么，给我们一个信号。承认负面情绪，直面自己的负面情绪，是情绪管理的第一步。

有智慧地表达自己的情绪

当内心存在负面情绪时，人往往通过批评和指责对方的方式来进行沟通，结果往往造成两败俱伤的局面。我们在表达自己的情绪时，可以借鉴一种叫“温度读取技术” 的沟通技巧，其内容包括五方面：

1. 表达欣赏和感激。
2. 表达忧虑、担心和困惑。
3. 表达自己的处境以及解决问题的途径。
4. 提供新的信息。
5. 表达希望和梦想。

孕妈咪这样和老公沟通

针对上面的例子，孕妈咪可以跟老公做以下的沟通：

1. “我知道自从我怀孕，你为我做出了很多的转变，包括做饭、陪我散步。”

当然，这里只是抛砖引玉，你可以列举生活中更具体的例子。沟通有助于增加与对方的亲密感和信任度，能帮助我们更好地应对焦虑的问题。

② “看到你这样迷恋足球，我担心你对它的兴趣会不会超过对我和宝宝的兴趣。”直接表达自己的忧虑、担心，而不是指责对方，用这样的方式进行沟通，会在不激活对方防御机制的前提下，让对方帮助我们解决这些问题。

③ “过去我没怀孕的时候，有同事和朋友可以说话，现在我整天一个人在家里养胎，感觉很孤单，好不容易把你盼回来，可你也不和我说话，整晚都在看电视。这让我感到很失落，也很生气。我希望你回家后能花更多的时间陪伴我。”如果我们向别人表达自己的感受，而不是将愤怒发泄到别人身上，就会管理好自己的情绪，也可以从他人那里获得更加直率、坦诚和具有支持性的反馈，帮助你调节自己的情绪。

④ “网络上有足球赛的视频，你没有必要占用回家的时间来看现场直播。或者你可以在10点后我睡觉的时间看球赛。”你提供的这些信息很可能是对方没有想到的，却是可以接受的。有些人以为自己知道的信息别人也会知道得一清二楚，而这样的假设往往会给沟通带来困难。

⑤ “我希望你从回家后到10点前这段时间都能陪伴我，我们能一起做些感兴趣的事情。”如果你不能用语言清晰地表达出你的愿望，那么这个愿望也许没有实现的可能，一旦你表达出来，就多了很多达成的机会。

有效的沟通，能让我们在充分表达自己的负面情绪时，既不伤害别人，也能成全自己，获得良好的亲密关系和人际关系，最终帮助孕妈咪调整好自己的情绪，成为能掌控自己情绪的人。

小贴士

情绪只是表达内心世界的一种方式，提醒我们需要做些什么，给我们一个信号。承认负面情绪，直面自己的负面情绪，是情绪管理的第一步。

主动沟通，不要在困惑中假设

困惑，猜忌，以己之心度人，如果往好处想还好，就怕往坏处想，触发负面思维，造成相互理解上的偏差和误会，让人徒增烦恼。一个叫朱朱的朋友在QQ上和我探讨了一个问题，就是她怎么也想不明白，为什么老公不愿意把妻子怀孕的消息告诉他的父母。我将她的困惑整理了一下，大致如下所述：

我怀孕两个月了，这是我们备孕半年多之后才得到的喜讯，公婆也一直希望我们早点有孩子，可是老公知道我怀孕的消息以后怎么也不肯告诉公婆。

我真的搞不明白，我一知道这个消息就恨不得把我的亲戚朋友都通知一遍，让大家分享我的喜悦。老公却说要宝宝是两个人的事，没必要到处说，这我理解，可是他连一直盼着抱孙子的自己父母都不告诉，就让我怎么也想不明白了。

他说家里有奶奶需要照顾，可是让公婆知道我怀孕和照顾奶奶冲突吗？就算公婆知道后想过来照顾我，那老家还有三个叔叔和三个姑姑呢，奶奶不可能没人照顾啊，况且我也没想让他们来照顾我。我只是想让他们高兴高兴，这有错吗？我越想越伤心，怎么会这样呢？难道是老公不想要这个宝宝吗？老公这样做正常吗？

朱朱的老公为何不愿意把她怀孕的消息告诉她的公婆？这个问题很容易解决，直接去问朱朱老公本人就可以了。除了他，还有谁能给她答案呢？

朱朱搞不明白老公的想法，也把各种假设都一一排除了，还是感到困惑，于是她开始怀疑老公的做法不正常，怀疑他不想要他们爱的结晶。

通过朱朱的这段描述，可以看到朱朱存在两个方面的问题。第一是不肯主动积极地沟通；第二是对信息进行假设、想象。

朱朱对老公的表现感到困惑甚至忧虑，当得不到充分的信息时，为何不继续问呢？为何不把自己忧虑的事情说出来让他澄清呢？朱朱的问题在于，当她感到困惑时没有继续沟通，而是开始假设，殊不知很多误会和流言就是在这个环节产生的。

如果不直接沟通，而用假设来解释对信息的困惑，很容易陷入“先假设，后寻找证据证明假设正确”的思维怪圈。比如朱朱怀疑老公不想要这个宝宝，慢慢会通过观察他的各种表现来证明他确实不想要这个宝宝。陷入这样的思维怪圈里的人就失去了了解真相的机会。

当对一个人的表现产生困惑的时候，为何要创造一些假设和怀疑，而不是直接、深入地与对方沟通呢？这源于我们内心深处的恐惧，害怕面对自己的孤独和不被爱。

我们之所以停止继续沟通，在很大程度上是因为害怕对方看到自己的这些恐惧。可是，如果得不到对方的澄清，我们就会长久地陷入这些恐惧里。这些恐惧会牢牢地抓住我们，折磨我们，让我们持续地体验愚蠢、孤独和不被爱的感受。

要想早日解脱，最直接有效的办法就是表达自己的忧虑和困惑，让对方去澄清，弥补信息的不确定性。只有这样，我们才能更深入地了解自己和他人。

需要注意的是，当提出自己内心的困惑的时候，应尽量使用第一人称“我”做开头，而非“你”

做开头。如果使用“你”做开头，容易把沟通引向指责和抱怨，激起对方的防御，产生冲突。试着比较一下“你”开头和“我”开头这两种表达方式的不同：

方式一：你为什么不让我把怀孕的事情告诉别人？你是不是不想要这个宝宝？你觉得你的反应正常吗？

方式二：我感觉很奇怪，不知道为什么你不让我把怀孕的事情告诉别人。我甚至觉得你不想要这个宝宝。我感觉你的这种反应不太正常。

如果朱朱对老公分享了忧虑和担心，老公也会给她真诚直率的回答。当把让自己感觉困惑或者恐惧的问题表达出来后，如果朱朱能以分担的态度继续深入沟通，那么他们的关系会随着解决这个问题而更加亲密。通过给老公提供最佳的解决方案和支持，两人能够共同摆脱恐惧的困扰。

想知道他为何有那样的行为，应该去问当事人。问题出现，不是给我们的亲密关系制造障碍的，而是促使我们更加亲密的。

小贴士

我们之所以停止了继续沟通，在很大程度上是因为害怕对方看到自己的这些恐惧。可是，如果得不到对方的澄清，我们就会长久地陷入这些恐惧里。这些恐惧会牢牢地抓住我们，折磨我们，让我们持续地体验愚蠢、孤独和不被爱的感受。

拥有属于自己的快乐之道

生活中，我们往往因为别人没有满足自己的需要而不快乐。孕妈咪很容易因为老公没有满足自己的情感需要而伤心难过。这样的情况非常普遍。我们该如何看待这个问题呢？还是先听听小柳的倾诉吧。

老公是球迷，什么球赛都喜欢看。怀孕前，我也懒得跟他计较这些，有时候老公哄哄我也就过去了。可是怀孕后，老公还是痴迷看球赛。我现在比较嗜睡，回家后就只想安静地睡觉，可一有球赛，老公那个兴奋劲就别提了。

这几天我感冒了，医生不让吃药，说可以喝点姜汤。我就让老公帮我熬，想喝完就睡觉。可是他一直在看球赛，一直等到10点，他突然对我说："我忘记熬姜汤了，你还喝吗？"我当时眼泪就止不住了，想到别人怀孕时生病了，人家的老公都小心翼翼地照顾着。我从小不吃姜，可是为了宝宝，我还是强忍着喝姜汤，他倒好，一看球赛，就什么都忘记了。虽然老公保证这种事情不会再发生，但我知道，这种保证的效力不会超过1个月。我真受不了他特别爱看球，特别是一看中超，他还

会说粗话。他只要打开家里的电视，不是看中央五台，就是看北京体育台。

我们两个都是“北漂”，家里人指望不上，可是现在，连老公都这样。之前怀孕才3个月时，我就瘦了许多，天天吃不下东西，当时医生还说宝宝不健康，弄得我心理压力好大。现在宝宝刚好点，老公却这样，虽然是小事，但我还是很伤心，难道我和宝宝没有球赛重要吗？

小柳老公对球赛的兴趣由来已久，她过去对此懒得计较，现在却变得无法忍受。似乎小柳情绪差的罪魁祸首是球赛，这是真的吗？实际上球赛只是个替罪羊而已。

小柳刚怀孕，吃不下东西，又面临着医生说宝宝不健康的心理压力，她只是需要老公更多的陪伴和关心，想有人分担自己的压力而已，而这个时候老公将精力都放在了看球赛上，这让小柳对球赛产生了不满：难道她和宝宝的重要性还比不过球赛吗？这种挫败感压倒了小柳，使她对老公只知道看球赛而不知道照顾她产生了严重的负面情绪。

男人和女人是不同的，男人不可能体验到女人孕期的所有感受和压力，即使他了解一些，也很难时刻顾及。女人不讲清楚自己的感受，男人就很难体会，而如果一个男人明白了女人的感受，他会做出改变的。

如果小柳想得到老公更多的爱、理解和支持，就需要在尊重老公的基础上平心静气而又坦诚地说出来，而不要将矛头对准老公对球赛的爱好，

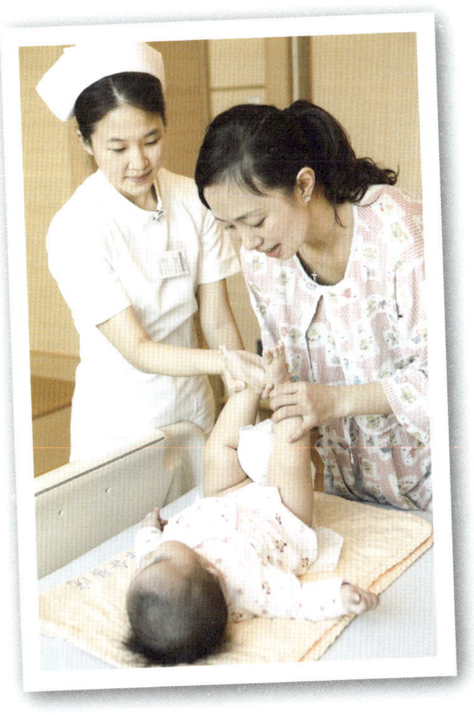

因为这很容易表达不清自己的需要，并且容易伤害老公的自尊心。在这种情况下，他即便放弃了看球赛而全身心地关注小柳，也会心存不满。尊重老公对球赛的兴趣，是小柳夫妻有效交流的前提，然后不带抱怨和指责地提出自己希望获得的帮助，小柳的老公会更容易接受。

在人际关系上有个黄金法则，即你可以对别人好，但你没有权利要求别人对你好；你可以爱别人，但你没有权利要求别人爱你。这个黄金法则告诉我们，自己的快乐不要建立在别人对自己的态度上，否则自己容易感到失望和痛苦。看球赛是小柳老公的快乐之道，小柳也要找到自己的快乐之道，或者找到两人共同感兴趣的东西，一起感受快乐。不论何种方式，夫妻二人都需要为彼此留有独自快乐的空间。

孕妈咪都需要更多的关心和帮助，这是可以理解的，但是让老公完全放弃自己的个人空间来照顾你是不现实的，因为当他不快乐时必然也会影响到你。学会让自己快乐，学会不带抱怨地求助是小柳解决情绪问题的根本之道。

小贴士

男人和女人是不同的，男人不可能体验到女人孕期的所有感受和压力。女人不讲清楚自己的感受，男人就很难体会。而如果一个男人明白了女人的感受，他会做出改变的。

平衡对老公的依赖感

怀孕期间，很多孕妈咪对老公的满意度不高，最爱抱怨自己的老公。只要孕妈咪们一扎堆，经常能听到这样那样的抱怨声。前几天，一位叫小雅的朋友语速飞快地用两个小时向我倾诉了她的委屈，这些委屈都和她的老公有关。

这段日子，我一直在和老公闹别扭，因为最近他一直都在“忙”！到底忙什么呢？除了工作，就是应酬，每天都早出晚归。刚开始我还可以理解，毕竟是工作需要嘛，但是后来就忍无可忍了，把孕妇一个人扔在家里算什么呀。有一次晚上11点的时候我打电话给他，问他为什么还不回家，他居然理直气壮地告诉我在打牌。我当时就怒了，积累了多时的情绪一下子发泄了出来。电话那头，他比我动静还大：“吃完饭大家都想玩会儿牌，就多玩会儿，你至于这样吗？明知道自己怀孕还吼什么吼，不怕吓到宝宝呀！”

他这么一说，我的火气更大了：“你还知道我怀孕了呀，你就是这样对待孕妇的吗？整夜整夜不回家，天天如此，就你忙，就你应酬多，对你来说是不是应酬要比我和宝宝更重要呀？那你以后和应酬过日子算了！”没想到他直接把电话挂掉了，我的眼泪一下子不争气地掉了下来，一个人在屋里哭了很久。

老公以前不是这样的，自从升职以后应酬变多了，脾气也变坏了不少。难道他不爱我和宝宝了吗？

由于怀孕，很多女性放弃了工作，渐渐退出了怀孕前的社交圈子，身体的不适与越来越狭小的生活空间让准妈咪感到委屈。这时候，老公便成为这个狭小空间的精神支柱，孕妈咪对老公的依恋史无前例地增强，小雅目前就处在这样的状态中。

而小雅的老公，刚好处于升职的当口，工作的压力以及相应的应酬陡然增加了许多，可以说，他也正处于身心俱疲的状态。这时候的他回到家中，需要的是放松和抚慰，而小雅希望老公花更多精力来抚慰自己寂寞的心。两个人都需要对方能给自己足够的爱，又都缺乏爱对方的精力，结果可想而知。由于满足不了彼此所需，小雅的老公选择去外面寻找，小雅则在家委屈哭泣。

老公回家的时候，是“要”比较多，还是“给”比较多呢？当然，小雅可能很委屈地说：“我如此需要照顾，哪有‘给’的能力？”其实，耐心倾听，不抱怨，能好好照顾自己，就是最好的“给”。如果一个在职场上身心俱疲的男人回到家，还要面对妻子的不满、指责和挑剔，那他慢慢会到外边寻找能安放身心的地方，这也是有的男人在妻子孕期出轨的一个原因。

而对于小雅来说，拓展自己的生活空间，找到新的社会归属感，让自己的孕期生活丰富起来，是最重要的，这样就会使小雅不那么依赖自身也很疲惫的老公了。

对于孕妇来说，虽然平时的活动场所不大，但可以在小区里或网络上认识其他孕妈咪或者已经当了妈妈的人，结交新的朋友，为宝宝的出生做准备，满足自己归属感的需求；可以想想在自己的兴趣爱好中，有哪些可以在孕期进行，比如听音乐、看电影、绣十字绣等，丰富自己的内心世界，让一个人在家的日子也过得有滋有味；可以邀请亲人来住一段时间，不仅可以陪伴自己，也可以打破在情感上只依赖老公的局面……

想想看，除了老公的陪伴，还有什么事能让自己开心？

“把孕妇一个人放在家里算什么呀？”注意小雅的话，她已经完全把自己放在了老公附属品的位置上，老公满足了小雅，她就快乐，如果满足不了，她就会失望、悲伤。如果我们的快乐都来自外界的赐予，我们当然会觉得不安全、不满意了，因为外界不可能每时每刻百分百地满足我们的要求。

先用爱把自己喂饱了，自己很满足，很幸福，有能力给老公爱，家庭才会对他产生吸引力。不要在他需要爱的时候索要爱，他不仅给不了，还会逃避。小雅在“非常”孕期，而她的老公在“非常”职场期，要知道，他也需要关心和爱。

小贴士

如果我们的快乐都来自外界的赐予，我们当然会觉得不安全、不满意了，因为外界不可能每时每刻百分百地满足我们的要求。

别把怀孕的自己当“国宝”

很多孕妈咪有这样的体会，一怀孕，自己在家庭中的地位立刻直线上升，迅速成为全家人的中心，成了备受呵护和疼爱的对象。不过，抱怨老公对自己关心不够的孕妈咪也比比皆是，丽雅就是很典型的一个，她现在对老公极度失望。下面来看看她的心里话吧！

怀孕了，以为家人会把我当“国宝”，尤其是老公。可是事实上，我没有这种感觉。刚确定怀孕消息的时候，我迫不及待地把喜讯告诉了老公，可人家的反应并没有我想象中的那么激动，我安慰自己他可能是一时还没做好准备。

现在，老公只是给我做做饭而已，还是在我的一再要求下才做的。我总感觉这种关心和照顾是我死乞白赖地争取来的，和我预想的不一样。我让他帮我查查我现在需要注意些什么，怎么补充营养，怎么做胎教，他不是敷衍了事，就是让我自己去看。我说我恶心，他觉得我太夸张，说我走火入魔了，老提恶心的事儿。

我以为他会因为我怀孕变得体贴，可是一点也没有。我总觉得他不理解我，不体谅我的心情。妈妈和婆婆对我倒很不错，但是我最希望的是得到老公的呵护和照料。现在我明白了，夫妻之间是无法完全相互理解的，还是得靠自己。唉！是我要求太高吗？

丽雅的失望在于她事先有了一个假设，即家人应该把她当成“国宝”。可是关键人物——老公没有给她这样的感觉，这让她感到失望。如果我们做事之前没有设定太高的目标，就不会那么容易失望。俗话讲：“有希望才有失望。”如果丽雅能把自己的位置从“国宝”级上降低一些，或许就更能感觉到老公的关心了。如果自己的要求太高，那么“市宝”“省宝”级的照顾都很难入丽雅的眼。

被关心是女性的心理诉求，尤其在怀孕后，很多姐妹对自我的关注程度会有所提升，需要的关心也一下子多了很多。而当一个人对自我的关注和得到的关心严重不对等的时候，心理就会失去平衡，烦恼和痛苦就会产生。

因此，只要丽雅多关心他人，心态自然就会好转起来。要知道，并不是因为自己怀孕了就应该成为世界上最需要被关心的人，周围的家人和朋友都有着各自不同的生活境遇，同样有被关心的需要。多数人往往习惯了向别人索取爱，却不愿意付出爱。老公的爱也是有限的，他也有获得的需要。得到和付出是相互作用的，先付出关心，自然也会得到关心。

当丽雅向老公讨要关心，这种逼迫感只能让老公越来越被动，而被动付出的关心对丽雅来说又有何意义呢？只能让她越发失望。因此，丽雅必须斩断这种不良的循环，让老公主动释放关心，这样她才会舒服。

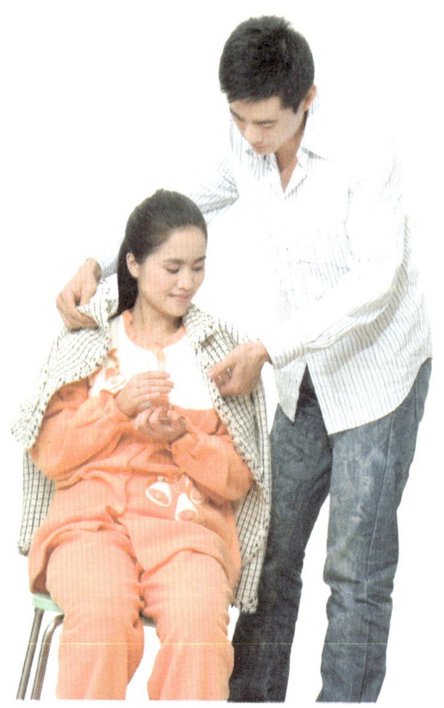

说实话，男人也很不容易。虽然决定要孩子对女性的影响更大一些，但是男人同样需要找到工作与做父亲之间的平衡。女性往往会优先照顾孩子而影响工作，而男性往往会优先照顾工作而影响亲子关系。虽然现代社会男性陪伴孩子的时间比过去增多了一些，但是男人毕竟还是以工作为主的。大部分工作场所都强化了男性的工作狂模式，受到新增的家庭责任感的鞭策，男人的压力增大，又导致这种模式进一步固化。因此，孕妈咪也需要体谅自己的男人。

很多时候，夫妻之间都是因为沟通不畅而伤害了感情。下面和朋友们分享几个沟通上的小技巧，熟练运用这些技巧有助于改善你们的夫妻关系。

多说“咱们，我们”，少说“我”

比如，你想请老公陪你去超市买婴儿用品，你可以说：“我们（咱们）一起给宝宝准备点出生后用的东西吧。”比较一下另一种说法：“你陪我去买点宝宝用的东西吧。”明显第一种是邀请，而第二种是强迫。老公听起来的感受肯定不一样。

低头说话

当你需要他关心你的时候，注意不要扬着头与他沟通，人在指责、批评他人的时候很容易将头扬起，结果就越发控制不住自己，最后不仅造成沟通的失败，还会伤害彼此。你可以向他索要关心，但是这个时候最好低头说话。体验一下，你就会感觉到即便自己有火气，低头也会让自己平静下来。你姿态上的“被动”，就会换来老公主动的怜爱。

表达性自述

表达性自述指的是不要和老公面对面、眼对眼地沟通，而是自言自语，但是声音要清晰，以能让老公听到为宜。注意不要重复，不要问对方听没听清楚。这样的沟通不会把对方包裹起来，能给对方充分的自由，如果对方感觉舒适，对于一些要求也会比较容易接受。比如，当你老公看电视的时候，你可以坐在他附近自言自语：“还是公园空气新鲜，要是周末有人陪我去公园就好了。”

小贴士

被关心是女性的心理诉求，尤其在怀孕后，很多姐妹对自我的关注程度会有所提升，需要的关心也一下子多了很多。而当一个人对自我的关注和得到的关心严重不对等的时候，心理就会失去平衡，烦恼和痛苦就会产生。

开发自己照顾自己的潜能

很多“80后”的女孩，自小在家人的百般呵护下长大，甚至连基本的家务都不会做，养成了一切以自我为中心的习惯。可自从怀了孕，丈夫的家人涉足自己的小家庭，这些当了媳妇的孕妈咪由于不能很好地定位自己的角色，因此烦恼心起，抱怨声来。下面这位叫明明的孕妈咪给我写了一封邮件，诉说的就是这样的烦恼。

我的家庭收入一般，目前和公公婆婆同住。婆婆来自河北农村，干家务没问题，但是不会做饭，每天的三餐主食就是白水煮面条、小米粥，炒菜就是炒土豆丝、白菜、萝卜、菜花、柿子椒。莴笋、芹菜、豆腐、木耳等菜品基本上没在我家的饭桌上出现过，因为婆婆不吃。我怀孕以后饮食也是如此，我早上6点出门，晚上8点到家，在家只吃一顿晚饭。怀孕后我就没吃过鱼和虾，因为婆婆不会做。我现在营养状况不太好，怀孕6个多月了只长了4千克，每天就靠吃营养片补充营养，馋了就回娘家解解馋。我老公一点家务也不会做，饿了只会煮个速冻饺子。

鉴于此情况，我坚决要求找月嫂，保证我坐月子的生活质量，但是双方父母激烈反对。我老爸认为没必要花这个钱，月子里没那么多事，那么多人没请月嫂，一样坐了月子，说我太娇气。我婆婆承认她不会照顾人，更不会照顾月子，但是她准备把农村的姨妈叫来照顾我，姨妈在农村刚刚照顾完她闺女的孩子，有经验。但我认为姨妈也没啥经验。我该怎么办呢，他们如此反对，我还要坚持吗？

各位朋友，你读了明明的邮件，有什么感受呢?

我认为明明的思维和推断是这样的：因为婆婆做饭时菜的种类有限，所以自己营养状况不太好，怀孕6个多月只长了4千克，进而怀疑婆婆不能照顾好自己的月子，甚至怀疑农村的姨妈也没有能力给自己高质量的照顾。

但是，明明“早上6点出门，晚上8点到家，在家只吃一顿晚饭”，并且馋了还能“回娘家解解馋”，显而易见，她可以任意选择早饭和午饭。因此，明明不能把营养不良以及“怀孕6个多月只长了4千克”的责任都推到婆婆做的饭菜花样有限上。

因为婆婆不会做，所以就没做明明想吃的菜，那明明是否主动跟婆婆要求和沟通过，是否把想吃的菜买回来和婆婆一起琢磨怎么做呢?还是虽然心里不满，却一直被动接受?希望孕妈咪们都能学会主动沟通，变抱怨为请求。

“老公一点家务也不会做，饿了只会煮个速冻饺子”，那是否可以说，他可开发的潜能更大呢?即便老年人观念落后，那么年轻人的学习能力和接受新鲜事物的能力是不是更强一些?现在教大家做家常菜的书籍、电视节目、网络信息遍地都是，随便通过哪种渠道来学习和实践，做菜也不是什么难事。

除了婆婆和老公之外，明明还忽视了另一个资源，就是自己。我不知道明明是否会做饭，为何要指望婆婆、老公的姨妈或者月嫂，而不是自己动手丰衣足食呢?月子期间行动不便，但是在怀孕期

间，给自己做一道喜欢吃的菜也不是什么辛苦的劳动吧？

明明现在和公公婆婆同住，坐月子的时候姨妈还可能赶来，老公也可能会帮些忙——明明有如此多的资源，却没有一个个好好地去开发，只是因为婆婆做饭花样有限就要去外面搬救兵——尤其是在家庭收入一般的情况下，这确实有些浪费资源。

为了获取资源，我们一定要有所付出和交换。月嫂的服务需要明明用不菲的资金交换，面对手上掌握的那么多可以开发而且不需要用金钱交换的资源，当然不应该放弃。

明明现在对婆婆的照顾不太满意，但是，婆婆是否有照顾明明的责任和义务呢？抱怨和指责不仅会让自己心生怒气，也会让整个家庭充满了不和谐感。各位孕妈咪朋友，在怀孕和坐月子的时候切记要心平气和，情绪稳定对自己和孩子都至关重要，而知足、感恩的心态对大家都有益处。要知道，并不是所有的女性在怀孕期间都能得到老人的帮助。

即将身为人父人母，如果生活还不能自理，依然要依靠老人，“饿了只会煮个速冻饺子”的话，不知道明明夫妻两个将来如何培养孩子的独立性和生活自理能力。将来孩子有了孩子，是否还会遇到和明明同样的烦恼：是请老人帮助呢，还是请个月嫂？

小贴士

对于缺少生活自理能力的准父母来说，在未正式上任之前，需要尽快提高照顾自己的能力，否则，又有什么能力面对一个更加弱小的生命呢？难道父母能帮助我们一辈子吗？

职场孕妈咪的得失之道

据某健康网站调查显示，80% 的孕妇会出现抑郁和焦虑的状况，尤其是在职场中获得了很多价值认可的女性更容易出现心理问题。这些心理问题是女性在生理情况发生变化的条件下，面对工作上的压力和挑战时所产生的。

在和很多职场孕妈咪的交流中，我发现职场孕妈咪主要有四类心理问题。

对宝宝健康的担心

由于工作有一定的压力，工作环境也不能由自己决定，孕妈咪们会担心孩子会不会因为自己运动量不够而不健康，会不会因为自己工作上有压力而受影响，孩子会不会畸形，是该继续工作还是该辞职……这些担心使职场孕妈咪很容易患上产前抑郁症。

高龄产妇的焦虑

由于忙于工作，很多职场女性都是过了 30 岁才要孩子，她们明白自己不是处于最好的孕育期，也知道高龄产妇面对的种种不利因素，因此，这些高龄妈妈更容易焦虑。

职业生涯的改变

职场孕妈咪们经过自己多年的奋斗，多少都会在各自的行业有了一些积淀，取得了一定的业绩。而怀孕和生产，意味着多年的经营将被搁置，在发展节奏如此快的社会中，停下一段时间，知识结构就需要有所更新。孕妈咪将来或者需要从零开始，或者不得不降低身价从低位开始，而那时候的薪金待遇将很难保持过去的水平，生活水平难免会下降。

担心身材走样

职场女性都比较重视自己的仪表，但是怀孕的女性由于身材、外表的改变很难维持往日的风姿。很多女性无法接受这样的转变。

下面有一个案例，孕妈咪豆豆就因为处理不好怀孕给工作带来的影响而处于患抑郁症的边缘。

怀孕后，我就意识到部门领导不仅对我态度冷淡，在工作上也总是有诸多挑剔，有时候他干脆越过我，直接和我的下属交流工作，弄得下属也开始不把我放在眼里，当我是个透明人。这种被人忽视的感觉让我很难受。我本想早点休假，可是看到孕期家中的开销很大，只能咬牙坚持继续上班。我现在每天一睁眼，一想到要迈进公司的大门，就觉得很压抑，每天在公司都好像上刑一样，特别特别煎熬。这种度日如年的工作让我烦透了，想着肚子里的宝贝一天天长大，真怕我这样糟糕的心情影响到孩子，我该怎么办？

虽然法律上对孕妇的权益做了规定，但是有些不注重人文关怀的企业难免会做得不到位。女人在怀孕后由于身体的变化，不能像未怀孕时那样在工作上投入那么多精力，这让孕妈咪在工作岗位上容易被领导和同事有意无意地忽视，不能获得与过去相当的价值感，自尊受挫。

豆豆的矛盾之处在于这种痛苦与经济

问题纠缠，因此可以从这两个方面去分析。

很多孕妈咪的痛苦在于孕期还想拥有与过去一样的工作成就感，但是力不从心的现实造成了心态失衡和自我批判。当有孕在身时，工作能力与精力是无法与过去相比的，职场孕妈咪是否能接纳自身的局限性？如果工作单位是以追求经济利润为最重要的目的，缺少人文关怀，你是否能接纳这个工作环境的文化？如果你认为经济问题很重要，那么是否可以在接受以上现实的前提下，主动寻找适合的工作岗位，按照自己的身体条件暂时接受低一些的薪金，等到将来重返工作岗位再调整也不迟。

无论如何，有孕在身的你如果还想在职场上保持过去的业绩，甚至还要追求更高、更快、更强，那都是一种残忍的自我强迫。

从经济方面来说，如果你早点休假或者辞职，造成的经济损失会有多大？是否可以通过其他渠道来弥补一下，或是控制一下其他方面的生活成本，减少一些不必要的开支？你的老公是否可以在这个特殊时期尽量多承担一些经济方面的压力？除了怀孕可能会造成孕妈咪失去经济收入，将来生产入院、孩子的奶粉以及纸尿裤等费用也不少，也需要很多属于工薪阶层的准父母提前做好心理准备。

不论怎么说，职场孕妈咪都处于一个需要调整的阶段，在怀孕期间，工作角色以及家庭经济状况难免会受到影响。不过，有失就一定有得，如果把目光更多地放在获得的东西上，将有助于心理健康。

豆豆现在和宝宝是一体的，她的情绪和感受对胎宝宝是有影响的，希望像豆豆这样的职场孕妈咪早日调整好自己的情绪，接纳自己的现状，并尽快做出积极的改变。

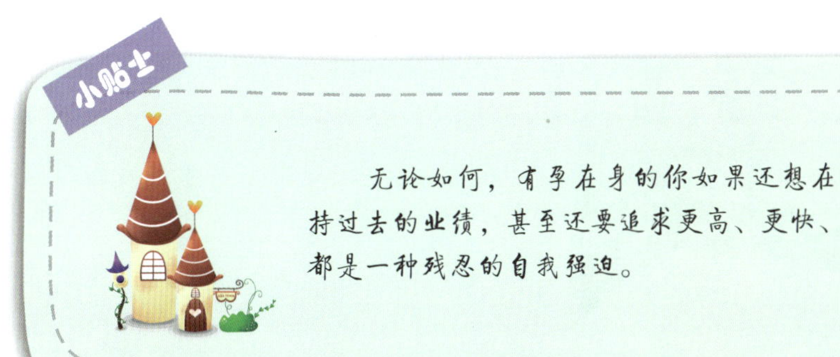

小贴士

无论如何，有孕在身的你如果还想在职场上保持过去的业绩，甚至还要追求更高、更快、更强，那都是一种残忍的自我强迫。

谨慎面对“妈妈经”

一听说女儿怀孕了，有的老妈抑制不住兴奋，感到多年积攒的经验终于能派上用场了！在家里，她俨然就是权威，就是专家，指导你该这样做，不该那样做。如果你怯怯地表示质疑，一句“当年我就这样过来的，你不是好好的！”立刻将你打落马下。可是，老妈的那一套理论，都是金科玉律吗？

以下罗列的就是老妈们常提到的“金科玉律”。

误区一：孕妇吃得越多，宝贝越有营养

使劲吃东西，是老妈给女儿传授的最普遍、最经典的招数。但是，大吃特吃很可能造成身体贮存多余的脂肪，将来孕妈咪容易为了减肥而大伤脑筋。当然，如果你敢拿这个理由顶撞老妈，老妈一定会扣你个“自私妈妈”的帽子。

你需要让老妈知道一些有利于孩子的信息，她才能接受你的饮食要求。胎儿如果因为母亲营养过剩而在母体里长得过快，很可能变成巨大儿，这会为宝宝的出生以及未来的生长发育带来很多不安全因素，宝宝成年后患代谢性疾病的可能性也会增大。

误区二：孕期打死都不能吃药

虽然孕期确实不能轻易吃药，但是如果老妈将此信念绝对化，是非常没有道理的。对于一些严重的病，不吃药反而会比吃药更加危险，有时候疾病对母子俩的威胁会比药物更大。一旦病情没有及时得到控制，就可能需要服用对胎儿有副作用的药物。因此，一旦感到身体不舒服，记得赶紧去找大夫，当你说明自己的孕妇身份后，医生会给你合适的建议。

误区三：千万不能过性生活

老妈警告你这点的时候，可能还会不好意思，绕个弯说什么“两个人不要在一起呀”之类的。对于一些老年人来说，孕期过性生活就相当于犯罪。其实，孕期性生活也不是什么洪水猛兽，在孕妈咪身体允许的情况下适度进行性生活是没有问题的。孕早期的几个月里，呕吐、疲劳折腾着你，即便你不懂在此期间保胎最重要，估计也没心思去过性生活。当孕早期的不适消失之后，在保证胎儿安全的前提下，你可以适当地、和缓地享受你的性生活。

误区四：不能吃咸的东西

针对孕妇都会出现的水肿症状，老妈发话了：“看你肿的，一定是吃盐吃多了，不要再吃咸的东西啦！”从此，咸味的食物就离开了你的饭桌，让你叫苦不迭。其实，水肿时确实应该吃清淡的食物，不要吃过咸的食物，尤其是咸菜，但一点盐都不吃对孕妇也不好，适量少吃些盐也是必要的。

误区五：哪里也不许去

“保胎！保胎！孩子第一，绝对不能出错。因此，你不可以坐火车，更不可以搭飞机。什么？还想去旅游？省省吧！”只要你敢提出到除小区以外地方的想法，老妈可能就会这样回答你。其实，在怀孕 4 ~ 6 个月时是可以出差或旅游的。当然，为了保险起见，你最好先咨询下医生，毕竟每个人的具体情况不同。

误区六：不许使用化妆品

“化妆品都有‘毒’，你平时用用也就罢了，现在怀孕了还敢用？”当孕妈咪想臭美一下的时候，不小心被老妈逮到，又会落个“不靠谱妈妈”的罪名。其实，孕妈咪也可以使用化妆品，选择天然成分的化妆品可以让孕妈咪得到更好的皮肤护理，更加自信地度过孕期。

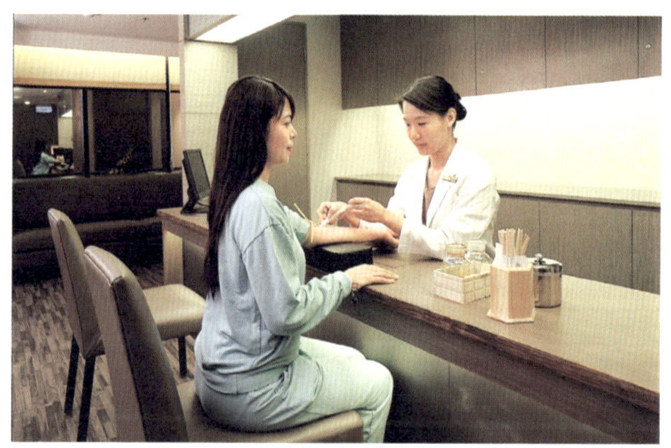

小贴士

“孕期绝对不能吃药”是一个绝对化的错误观念。对于一些严重的病，不吃药反而会比吃药更加危险，有时候疾病对母子俩的威胁会比药物更大。一旦病情没有及时得到控制，就可能需要服用对胎儿有副作用的药物。

做个会吵架的孕妈咪

在婚姻中，夫妻二人由于个人生活习惯、性格等各个方面的不同，会经历一个磨合期，而吵架则是夫妻沟通和磨合的重要方式之一。

虽然你已进入孕期，但是你们夫妻俩未必已经磨合好了。当你们大吵一架之后，老公气得摔门而去，而你挺着肚子无助地坐在沙发上，任泪水滑落，想：自己的婚姻还能继续吗？肚子里的宝贝怎么办？这恐怕是每个孕妈咪都不愿面对的场景。《孕妈咪》杂志的读者曾向我这样倾诉和老公吵架的心酸点滴，不知道你是否有同感。

我辛苦怀孕，老公却还心疼钱

今天，我和老公说起生产住院的事。我说，必须挑个有两张床的单间，我睡一张床，陪护的人睡另一张床。可是价钱有点贵，带厕所的单间套房一天要300多块呢。老公说："根本不值这个钱。宾馆的标准间才多少钱啊？人家的服务多好啊。"

我说："医院收费是贵一点，但是也没有办法啊。在宾馆有医生、护士的照顾吗？有医疗器械吗？"老公说："那都是要另收费的。"

反正说来说去，

他就是心疼钱。我急了，说：“反正我就要住好的。我就生这么一个孩子，你还心疼钱？”老公说：“我不是心疼钱，我是觉得没必要。反正只住两三天，凑合凑合就行了。”

为了这件事，我们闹得很不开心。

——雨天兰 怀孕周数：27 周

老公丢下怀孕的我不管，却去帮别人

我还有一个月就要生宝贝了，这个月总是感到很不安，不知道宝贝会不会提前到来。我每天把待产包整理来整理去，总是觉得没底。这些事老公从来都不在意，也不去理会，好像怀孕只是我一个人的事情！

昨天晚上，老公吃过晚饭后，说小林让他去帮忙搬桌椅。小林是个未婚的女孩，和老公认识多年，我很讨厌她。老公知道这一点，所以和她联系比较少。最近，这个女孩在我家附近租了一套房子，总是要求老公去帮她搬这搬那。对此我很生气！

晚上 7 点多，我老公出门了。我虽然不情愿，但想想就在附近，也许老公不到 8 点就回来了。结果到了 8 点 30 分他还没回来。我打电话给老公，老公在电话里没好气地说：“小林在加班，所以还要等。”

我一听就火了：“难道你要一直等到她下班吗？”老公说：“那有什么办法？”我嚷嚷起来：“马上回来。你没有这个义务等她，以后再给她搬。”老公什么也没说就把电话挂了。9 点，老公发来短信：“马上回来。”9 点 30 分，他还没回来。我忍不住发了个短信去问，老公回的短信是：“麻烦死了。”

看到短信，我都气炸了，浑身发抖。10 点 10 分，老公回来了。我像火山一样爆发了，对老公连打带骂。半夜，老公已经平静入睡了。可是胎宝贝动得好厉害。我这才想起来不应该这样闹腾的。恨，我恨老公，恨他不能成熟起来尽一个准爸爸的义务！

——笨笨 怀孕周数：35 周

我怀孕了，拜托你先为我考虑，行吗?

怀孕以后，我以为他就会多少让着我些吧，没想到他依然是这样，永远先为自己的家人考虑。

昨天，小姑子来家里做客，我把零食拿出来请她吃。她一边吃一边问，这个多少钱，那个多少钱。她吃完了说："这么贵啊，要是我可舍不得买。"我气不打一处来，好像我花他哥哥的钱，她心疼了似的。她不知道我怀孕了吗？不知道我孕吐吃不下东西只能吃点零食吗?

老公回来后，小姑子照例又开口要钱，好像她哥哥的钱来得很容易，要多少都行。以前她要钱我都忍了，但是现在我怀孕了，需要用钱的地方很多，她就不能收敛点儿吗?

等她走后，我生气地说起她的行为。老公也生气了，说："咱俩的关系就是一张纸。你自己看着办。我宁可不要你，也不能不管我的家人。"我被他的话气得浑身发抖，这就是那个说爱我的人吗?

他平时对我非常好，可是一旦我和他家人有矛盾，他就立刻站在他家人那边。我到底算什么啊?

记得过中秋节时，他们一家人来我们这个小房子团聚。那时我刚怀孕，辛辛苦苦地给他们一家做饭。当我把所有饭菜端上桌以后，他们家 5 口人刚好把所有的椅子都占上了，一家人围着餐桌热热闹闹地吃饭，唯独把我排斥在外。我连个坐下休息的地方都没有……

那次的争吵让我刻骨铭心。不想说了，眼泪又下来了。

——珍珠小丸子　怀孕周数：15 周

经济问题、家务问题、作息问题、彼此的家庭问题、和异性关系的问题、性格问题……在怀孕这个敏感期，这些问题容易被敏感的孕妈咪扩大化。这样看来吵架并不是坏事，它表明你们的婚姻在某些细小的地方有问题，迟早都要面对。而吵架就是解决问题的办法。发生争吵的原因是想向对方说明，自己对对方的某种做事方式、某种行为感到不满。所以，吵架是彼此沟通不同看法的机会，是让彼此更加了解对方的机会。

但是很多朋友并不能借助吵架来增进对彼此的了解，反而在如何对待吵架这个问题上存在着很多误区，为夫妻之间的关系埋下了更多的隐患。

有的女性认为，夫妻两个不吵架那还叫夫妻吗，因此，会放纵自己非理性地争吵。但是，如果带着怒气争吵，往往口不择言，口不对心，而且越吵越频繁，吵架渐渐就变成了解决矛盾冲突的唯一途径。

当感到委屈时，有些女性习惯把委屈咽到肚子里，可是这样只会让“新仇旧恨”慢慢积累，最后积攒在一起，只要有导火线就会出现一次不理智的大爆发。因此，我们不能当受气包。

“我都怀孕了，你就不能让着我点！”这是孕妈咪常用的理由。但是如果你总用孩子来胁迫别人事事以你为先，未免有点任性。确实，怀孕让你承受了很多变化和压力，但是丈夫和其他家人既要照顾你又要努力地工作，也承受了很大压力。如果你总用怀孕的理由来要求别人以你为中心，肯定会引发争吵。

对比，也是很多女性常犯的毛病。“看看别人的老公是怎么对老婆的！”这句话不知道你是否经常讲。越对比，你丈夫的挫败感只会越强，越让你觉得委屈。确实，别人的老公有这样那样的优点，可是因为你不和他们生活在一起，自然也不知道他们有没有这样那样的缺点。不要比较，学会品味属于你的那份爱。

那么，当我们在气头上时，应该如何处理情绪呢？

坚信对方一定有自己的理由

生气的时候，每个人都觉得自己是对的，别人是错的，而且别人还意识不到或者不承认。但是，每个人都有自己的看法，他之所以那样坚持，一定有他自己的道理。谁对谁错真的那么重要吗？站在每个人的立场上，自己都是对的。你是要对，还是要幸福呢？如果要幸福，就放弃对“对”的执着吧！

不要翻旧账

我们在吵架的时候往往会由一件事情而牵扯出很多事情，造成情绪泛化，一个气愤的小火苗就容易燃成熊熊烈火。不但眼前的事情得不到解决，而且会勾起更多过去的不愉快的记忆。这样做只会让你们一直吵下去，所以说争吵时就事论事很重要。

谨防恶语伤人

有时候我们为了解气，会说出恶毒的话语来刺激对方，这就好比拿着刀往人家心口上刺了一下。对方出于保护自己的本能，很可能给我们更大的伤害。演变到最后，仅仅说恶毒的话已经无法解气了，可能只有动手才能解气。这样的结果，只能是两败俱伤。事情过去之后，造成的伤痛无法轻易抹去，将成为情感上的一道伤痕，为未来留下隐患。

坦诚地告诉对方你想要什么

这一条听起来很简单，但真正这样做的人不多，因为这需要面对内心的脆弱和恐惧，需要面对自己的勇气。有人常说赌气的话：“既然这样，那我们离婚好了，那我去医院拿掉孩子好了……”其实，她不过是想要老公多陪陪自己，跟自己服个软、低个头。人们常常会用愤怒、哭泣、责骂来表达不满和内心的诉求。有的人会担心，如果这样直接地表达出来，会让对方觉得你很傻，而且低人一头。但坦诚地说出来有助于解决矛盾，因为有时你会发现，你不说，他真的不知道你为什么发火。而且有了你做榜样，他以后也会这样坦诚地处理不满情绪。

很多事情其实比你想象得要简单。把你因某事而产生的直接感受告诉他：“你这样做，我感到孤独……”而不是指责他：“你总是这样……”试试看吧，你们的沟通就会出现转机。

要知道导火线的背后有更深层次的东西

要不要在医疗上多花点钱，为什么他照顾别人不照顾你……有时事情只是导火线，而炸药就是平时积累的不满和担忧。比如，他因为你买了一件孕妇装而发火，也许是他负担家里开销感到的压力或者对未来的某种担忧的大爆发。事情绝不是表面上看到的那么简单，等到怒气过去以后，你们最好谈一谈，把内心的想法都说出来。

在极度愤怒的时候不要做任何决定

如果你以前喜欢吵架的时候离家出走，现在不可以了。再愤怒，也得留一部分心思在肚子里的宝贝身上。极度愤怒的时候不要做这些决定：离家出走、向父母哭诉、自虐、花一大笔钱、拿掉孩子、找前男友……

你可以给自己写封信，怎么解气怎么写，甚至写写报复他的方法。但是要等到你平静下来后才能执行，如果那时你还想执行的话。

人对自己在情绪比较极端的时候做出的事情，十有八九过后会后悔。所以，如果你真的想改变什么的话，也要等到平静时再做决定。

必要的时候叫停

为了建立良性的关系，你们可以在关系很融洽的时候制订一个“吵架叫停协议”。这可以是一句话或一个动作。当你们感觉吵架必须停止时就用暗号喊：“停！”然后真的停住，一切等到明天再说。

这样做的好处是可以把怒火在刚刚冒头的时候就压制住，趁着那些伤人的话还没出口、那些暴躁的举动还没做出就停止争吵。等第二天心平气和的时候再来讨论这件事情，就可以很理性了。

为了让大家将沟通过程简单化、公式化，我特意将良性的沟通步骤总结如下：

步骤 1：陈述事件。

“老公，我买了一条新的孕妇裤，你却很生气，骂我瞎买东西。”

步骤 2：表达自己的直接感受。

“我感到很委屈，也感觉你有点小题大做。”

步骤 3：表达自己深层次的需求得不到满足的恐惧。

“我买新的衣服，只是想让自己看上去好看一点，想得到你更多的关注。但是你对我发脾气，让我担心你对钱的在意程度超过对我的爱。”

步骤 4：站在对方的立场。

“也许你刚好心情不好，或者感觉经济上有压力，或者有别的我不知道的烦恼。”

步骤 5：表达希望。

“如果有什么压力或者不愉快，请和我聊聊，我愿意与你一起承担。”

步骤 6：表达爱。

“亲爱的，我爱你。”

通过以上的步骤沟通，一方面就事论事，表达了自己的感受以及深层次的恐惧，另一方面也站在了对方的角度考虑问题，最后的落脚点还是回到爱上。这样的沟通，既释放了自己的消极情绪，又体现了自己善解人意的一面。按这种方式表达自己对配偶的不满，才不失为既客观理性又积极的吵架方式。如果感觉有些话说不出口，可以写封邮件、发条短信或者写个便笺给他。总之用能让对方感受到爱的方式表达出来就好。

小贴士

吵架并不是坏事，它表明你们的婚姻在某个细小的地方有问题，迟早都要面对。而吵架就是解决问题的办法。发生争吵的原因是想向对方说明，自己对对方的某种做事方式、某种行为感到不满。所以，吵架是我们沟通彼此不同看法的机会，让彼此更加了解对方的机会。

调整小家庭里的错位之爱

有的已婚女性抱怨：“婆婆简直就是第三者，不仅和我争夺老公的爱，还要和我争夺孩子的爱！”有的老公看似开玩笑地说：“孩子一出生就成了我们夫妻的第三者，我再也没有往日的地位了！”请不要小看这些声音，这些声音所反映的“错位”之感，可能会引发整个家庭系统的冲突和痛苦，让我们离家庭幸福越来越远。

婆媳之争：孩子应该和谁更亲

经历了几个月痛苦的相思，果果终于被奶奶从老家带回了北京。果果妈爱子心切，一见面对孩子就是一顿狂吻，将早早就买好的礼物一起堆在孩子面前，废寝忘食地和孩子做游戏，逗孩子开心，看到孩子的目光渐渐由陌生、胆怯到信任、放松，再到依恋、亲昵，果果妈憋了好久的母爱终于得到了宣泄，付出也终于有了反馈。奶奶则一直冷眼旁观。

孩子回到自己身边的第一个晚上，果果妈就迫不及待地将孩子抱到卧室，要孩子和爸爸妈妈睡，完全不顾奶奶欲言又止：“晚上，恐怕不行吧……”

果果妈不顾劳累，抱着孩子边走边亲边哄他睡觉，结果孩子哇哇哭个不停，听了半天，才听清孩子嘴巴里说的话：“我要找奶奶……”

没有办法，果果妈叫上老公硬着头皮来到奶奶的卧室，而老人家早已有所准备，见到低着头的儿媳，轻笑了一声：“我就知道你们不行，孩子可是和我睡惯了！”果果妈心中暗自发誓：一定要尽快抢回儿子！

经过两天高质量的亲子互动，果果妈在第三天的晚上终于赢得了孩子的芳心，儿子终于在自己的臂弯里甜甜地睡着了。还是跟妈妈亲啊！

婆婆第二天一边洗衣服一边开始了埋怨："养多长时间都没用啊，几天就跟妈妈了……"神情颇为失落。

"妈，你不高兴啊？"果果妈怀着胜利者的心情得意地问。

"我，我嫉妒！"奶奶终于直接说出来了。

奶奶一边为儿子家做着家务，一边摔摔打打地发泄着怨气。

果果妈用狠狠的眼神看着果果爸。果果爸看着两个怒火中烧的女人，"唉"了一声低下了头。

很明显，婆媳俩已经处于敌对状态，她们争夺的焦点就是孩子，都希望孩子更依恋自己。在这种状态下，家庭矛盾一触即发。

奶奶在照顾孩子的过程中，引发了强烈的母爱，当孩子投向自己妈妈的怀抱时，她产生了深深的失落和嫉妒。

奶奶的失落表面是因为孙儿的"倒戈"，更深层面则来源于自我存在感和自我价值感的丧失。

受"男主外，女主内"的传统生活模式影响，男人们将更多的时间花在家庭外，与孩子之间的关系相对疏远。"母养父教""父严母慈"的教育模式也让孩子们不敢以亲热去"侵犯"父亲的威严。孩子在情感上总是与父亲保持着距离，而与母亲亲密无间。如今的奶奶们当年做母亲时，在婆媳关系上不容易得到丈夫的情感支持，压抑的情绪使她们进一步在情感上远离丈夫，走向与自己更亲密的孩子。

当孩子离家后，“奶奶们”会产生严重的失落感，因为孩子是她情感上最重要的依靠。这样就不难理解为何婆媳会成为天敌了。

当儿子有了孩子，奶奶们终于又一次重温了失落已久的情感，在孙子或孙女对自己的亲近中体验着自己的存在感和价值。可是，当这种感觉被儿媳破坏，她们就又一次体会到严重失落。

这就难怪有的媳妇会对婆婆说：“您都当过妈妈了，请您不要再和我争孩子了好吗？”

儿子是妈妈的“情人”

自从生下儿子，儿子就成了小艾的全部。她处处捕捉儿子的身影，把儿子吃喝拉撒的规律摸得一清二楚。为了当一个好妈妈，她每日研读教育专家、育儿专家和心理专家们的著作，希望孩子的身心都能得到良好的发展。

老公和她说话的时候，她正看着孩子的笑脸陶醉。老公想抱孩子的时候，她马上抢过来：“你会抱吗？别折了腰！”甚至和老公亲热的时候，她头脑里都在想着在另一个卧室睡觉的儿子，他会不会醒来，会不会尿床了？

儿子大了，最喜欢吃虾，而老公一吃虾就过敏，因此，经常会出现母子两个兴高采烈地吃虾，而老公对着桌前的一盘青菜默不作声的情况。

老公的工作越来越忙了，回家的时间也越来越少了。

有一天是老公的生日，当他兴冲冲地赶回家，却发现满桌子上都是各种虾。满肚子的委屈和愤怒终于压抑不住了，他“哼”了一声，拔腿就离开了家。

小艾这时候才恍然大悟，意识到自己忽略老公已经很久很久了……

在孩子出生后，很多女性容易陷入小艾这样的误区中，孩子成了她们心中的重中之重，从而忽略了老公。在育儿的工作中，她们又总是嫌弃老公毛手毛脚。一位妈妈曾一边抱怨育儿工作的繁重劳累，一边抱怨老公：“让他喂个奶，结果他让 3 个月的孩子自己扶着奶瓶；让他洗个衣服，他都不知道领子和袖子是最需要清洁的地方……你说，他能干点啥啊！”

老公就这样被排斥了，被家庭边缘化了，母子关系越来越亲密，老公的家庭功能却越来越弱，这时候他当然会“工作越来越忙”，甚至会“忙”出其他的情感或者新的“归属地”。

有些女人抱怨自己是婚内单亲妈妈，可是，这与她自己有没有关系呢?

其实，很多爸爸在孩子出生的早期，也是非常想承担照顾宝宝的工作的，可是缺少自信，再加上周围人的批判和挑剔，使爸爸刚刚冒出来的爱的小火苗遭到了袭击。如果多给新爸爸一些鼓励和肯定，新爸爸照顾孩子的自信心就会得到加强，不仅为亲子互动打下良好的基础，也能使新妈妈减少很多育儿的劳累，更重要的是能够维持家庭结构健康、有序、平衡的发展。

以上两个故事看似没有关联，其实是有内在的因果关系的。正是因为“奶奶们”不能与自己的丈夫建立更亲密的情感关系，她们才把情感过多地投入在亲子关系上，这种错位造成了婆媳之间的“夺爱之争”。

与丈夫疏离，与孩子亲密，这样的家庭模式同样出现在第二个故事中，如果故事中的小艾不及时觉察，谁能说多年后她不会成为第一个故事中的婆婆呢?

解决之道在哪里?

对于婆婆们来说，把注意力多放在自己的配偶身上，修复或者巩固与丈夫的关系，把精力多放在让自己开心快乐的兴趣爱好上，这样才能从婆媳的敌对关系中抽离，恢复恰当的关系。但是，对这一代女性来说，她们习惯了牺牲自己，习惯用自己的牺牲来换取别人的关注和爱，她们不敢直接表达自己的需求。因此，婆婆们需要内部的觉察和外部的推动，来改变多年的思维和行为模式。

对于媳妇来说，同样要明白夫妻关系是亲子关系的基础，尤其在刚有孩子的阶段，就要主动把老公带进亲子关系中来，让他体会亲子互动中的快乐和成就感。否则，即便你和孩子再亲密，你给孩子展示的婚姻模式也是错位的，这种错位会一直延续到“媳妇熬成婆”那天，你可能会成为第一个故事中的婆婆，影响儿子新家庭的幸福。

从自己做起，改变认知，让每个人都处在合适的位置和距离上!

爸爸锦囊5：准爸爸不能丢分的四个关键时刻

“准爸爸”只是你胜任“爸爸”这个角色的前奏曲，这个时期是打基础的阶段，基础打不好，万丈高楼也无从建起。想要打好基础，重中之重是要把握好以下4个关键时刻，这可是很多过来人以血泪经验总结的教训。

当她告诉你：她有了

如果你们早就有了造人计划，相信当老婆说这话的时候，你们一定都很兴奋，因为计划终于实现了！恭喜你，这是最佳的情况。可是现实生活中，不是所有的事情都是如期进行的，意外怀孕也在所难免。当你们并没有计划而老婆告诉你她怀孕了时，你会如何应对呢？

“咱们的经济状况不允许，要不以后再要……”

“我，还没准备好呢，要不就做了吧？”

如果你说出了这样的话，尤其是将“做了”那么轻易地说出口，这无疑是向你老婆捅了一刀子！当一个女人有了你的血脉，出于爱，她的潜意识里会希望为你延续后代。很多影视剧里都会有类似的情景，当一个女人爱一个男人到一定程度，即使这个男人第二天就要死了，或者即将终生不见，她也会希望能为他怀一个孩子。孩子是爱情的

见证。可是你懦弱地拒绝这一切，甚至根本不考虑老婆即将遭受的身体和心理上的痛苦，轻易地说："不要了吧！"这不仅是冷漠自私的表现，还是对爱的拒绝。听从老公的意愿选择人工流产的女人对老公的感情往往会大打折扣。其实，每当怀上一个孩子，女人心里对这个生命都是珍惜的，即便是放弃也会有不舍的成分，同时伴随着身体和精神上的痛苦。

当老婆告诉你她怀孕的事情时，作为男人，你首先要对愿意为你怀孕生子的老婆表示感激，毕竟拉扯孩子吃苦受累付出更多的是妈妈。对于是否留下孩子，应充分尊重老婆的意见。即使决定选择流产，也需要在老婆心甘情愿的前提下进行。只有如此，当她要忍受身心的痛苦时，起码不会埋怨你，不会质疑你不够爱她，不够珍惜你和她的孩子。

当她在产房生产时

有一个关于痛苦等级的比较，说生孩子的痛苦仅次于被火活活烧死的痛苦。男人永远体验不到这种疼痛和恐惧。你有没有听到过有些男人对害怕的孕妈咪说："有啥可怕的啊，千百年来人类不都是这样过来的吗？""是女人不都要经历一次吗，没什么大不了的！"这种置身事外、事不关己的态度只会让孕妈咪觉得眼前这个男人又遥远又陌生。

在产房里，有多少女人喊着："疼死我了！""我要死了！""受不了了，给我剖了吧，我要麻药！"那种接近死亡的疼痛，那种疼得不能呼吸的感觉，男人，你能知道吗？因此，当老婆进产房时，你应该在她最无力的时候紧紧握着她的手，让她感受到在生命最危急的关头有你陪伴着她，她并不是孤单一个人。

陪产时的禁忌：

❶ 你的妻子在产房里要死要活遭受痛苦时，你自己千万不能回家休息去了。切记，就算再累也一定要让老婆从产房里出来时第一个看到的人是你。

❷ 有时候新生的宝宝会先被推出来，在所有人都围着孩子时，你要记得耐心地等待还在产房里接受观察的爱人。

❸ 如果婆媳关系不好，就尽量不要让母亲来医院看望爱人。奶奶要看孙子，以后有的是时间。不要让脆弱的产妇经受不良刺激。

❹ 不要因为去买纸尿裤或是找病床而错过迎接爱人出产房的时机，其他的事情都可以安排别人帮忙去做，迎接爱人出产房是最重要的事情，她经历生产考验后最想得到你的安慰。

❺ 不要对爱人或者新生儿表现出不满。无论宝贝是瘦弱、有疾病，还是性别不让你满意，都是你们爱情的结晶。要感谢爱人孕育生命的辛苦。

当女人从产房被推出来后，她就像一个士兵刚刚打了一场大仗，尤其是那些顺产的女人，她们的内心是充满骄傲的。当她抱着孩子从产房里被推出来时，她多么渴望你能赞美她，安慰她，亲吻她：“老婆，你真棒！”“这么疼，你都没怎么哭，你真坚强！”赞美完爱人再去看孩子，当你对宝贝流露出无限的爱意，你爱人心里会非常欣慰。因为，那是她冒着生命危险送给你的礼物。如果你对宝贝没有感觉，她的伤心和失落就可想而知了。

当她产后需要住院时

生完孩子，不论是顺产还是剖宫产，产妇都需要住几天院。老婆在产房生孩子的时候你帮不上什么忙，但是生完之后的这几天，是你表现的关键时期。

给老婆做饭送汤，这些是最基本的任务，更重要的是你要陪在老婆和孩子身边。因为住院这几天，老婆的伤口需要人清洗，有些很隐私的问题需要至亲的人帮助解决。如果老婆的妈妈或者姐姐在身边最好，如果妈妈不在身边，老公一定要亲力亲为，因为这个时候除了你之外，再没有别人能让老婆安心。

晚上陪夜，即便你白天已经很累了，也要坚持陪护，除非老婆坚持要你回去休息，一切应以老婆的想法为重。道理很简单，因为晚上大人和孩子都需要照顾。老婆当然希望是你而不是婆婆去帮助倒尿桶。

有些极度心疼儿子的婆婆，舍不得让儿子受一点苦，不等媳妇说话她就发话了：“你回家去吧，妈妈在这里照顾！”“你有啥经验啊，赶紧回去吧！”这时候你要看看老婆是什么态度，看看老婆更希望谁陪她。老婆的心也是肉长的，当她看到你疲惫不堪的样子，也会心疼你的。但是如果你不考虑老婆的感受，在老婆希望你留下时觉得“反正有我妈呢”就离开了，你就会让老婆感觉你只是个不能自己承担责任的孩子，而不是一个成熟有担当的男人，老婆在心里会对你极度失望。

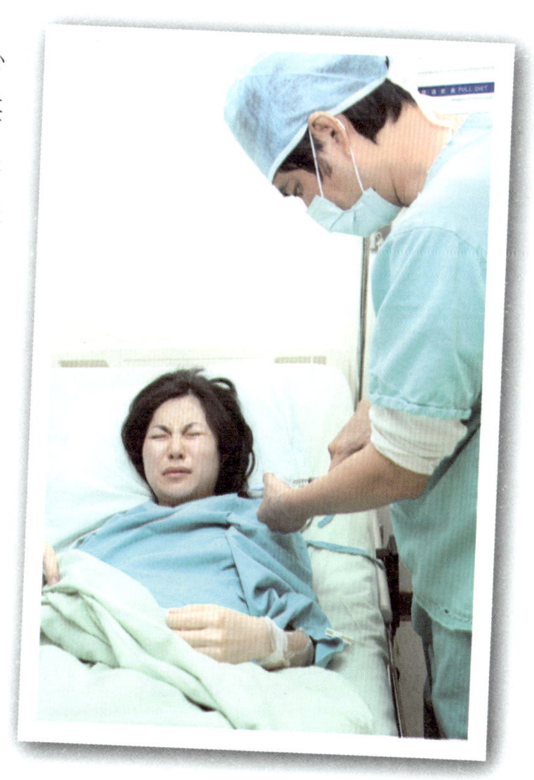

产后那几天，你需要尽力去理解新妈妈的痛苦。剖宫产或者会阴侧切的疼痛让她们无法稳步行走，无法顺利大小便，宝贝日夜哭闹，手背上打着点滴……这些痛苦都

集中在新妈妈一个人的身上，即使你无法想象，也要包容她的哭泣、烦躁和焦虑。

孩子出生后的最初两个月

老婆坐月子，同样是马虎不得的事，因为月子做不好，会落下一辈子的病。这时候老公的任务同样很繁重，一边要照顾大人，一边还要照顾孩子。孩子的大小便非常频繁，孩子在晚上1小时左右就醒来1次，老婆的睡眠变得支零破碎。对于月子里的女性，激素水平的变化，伤口的隐痛，乳房的皴裂，睡眠的不足，孩子不时的啼哭，还有难言的便秘等，都可能导致她们情绪激动，看似无缘无故地发火。请记住，这只是暂时的，过了这段时间，老婆就会好了。

月子里，老婆最需要的就是安静地休息和你的陪伴，毕竟，她还是一个病人。这时候，不要呼朋唤友地来看孩子，因为孩子需要具有安全感的氛围，过多的陌生气味会让他感到不安；产妇也需要高质量的休息，晚上一两个小时一醒的睡眠已经快要让她崩溃了，她没有多少精力去招呼你的朋友，而且孩子需要经常喂奶，她时常需要撩起胸前的衣服，这时家里有陌生人会非常不方便。所以要注意保护妻子的隐私，给她喂母乳的时间。

老婆在哺乳期奶水的多少和情绪的好坏直接相关，如果情绪不好，奶水就会变得很少。所以，如果老婆的奶水突然变少了，你要注意是不是老婆的情绪

有问题。

孩子一般出生 2 个月后就能在夜间睡得更长一些。虽然产后头 2 个月是非常熬人的，但我想心疼老婆的男人是能够和老婆一起度过这个时期的。这时候最忌讳的就是你跑到另一个房间去躲清静，或是以加班为借口逃离这些可怕的夜晚，你的老婆是能看出你在逃避的。如果你真心地付出，就会换来老婆的心疼，她不忍心让你跟着受累，主动让你去休息，这才说明你达到了好爸爸的标准。

人生的路很长，但关键的就是那几步。你当爸爸的时间也很长，关键也就是这起初的几步。如果这时候退缩了，不能和老婆并肩站在一起，老婆还怎么会相信在以后艰难的环境中你不会再次退缩呢？所以说，这两个月，你千万别退缩，难道你要把这么繁重的育儿工作都推给还是病人的老婆吗？

说了这么多，不知道准爸爸和新爸爸们害怕了没有？但这些确实是你们要走的道路。在这些关键时刻，你的表现直接决定了老婆对你的信任程度以及你们的婚姻质量。一项有关婚姻满意度的调查显示：从女人生产后到孩子上幼儿园前的这段时间，夫妻对婚姻的满意度是婚姻历程中最低的。毕竟孩子出生后，夫妻缺少二人世界，容易影响沟通质量。另外，男人在上面所说的关键时刻的表现，也对婚姻的质量起到关键作用。

只要是成长，都会伴随着这样那样的痛苦。这也是你变成一个成熟男人的必经之路。希望在将来你能骄傲地说："我懂得当父亲的滋味！照顾孩子的日日夜夜我都经历过！"而不是当别人提起当父亲的感受时，你的大脑一片空白。确实，你躲过了那些折磨人的时间，但是你失去的可能更多。

小贴士

产后那几天，你需要尽力去理解新妈妈的痛苦。剖宫产或者会阴侧切的疼痛让她们无法稳步行走，无法顺利大小便，宝贝日夜哭闹，手背上打着点滴……这些痛苦都集中在新妈妈一个人的身上，即使你无法想象，也要包容她的哭泣、烦躁和焦虑。

爸爸锦囊 6：新妈妈眼中的好爸爸

可能是“女人应该相夫教子”的传统观念太强了，也可能是现在的社会压力太大让男人们分身乏术，所以在孩子身上用心思的男人远远不如女人多。虽然爱孩子的男人比比皆是，但是忽视孩子的男人也不在少数。即将要成为人父的准爸爸们，你们做好准备了吗？也许你们会说：“我还没有过这种人生体验，到底要如何准备呢？”下面，就听听女人们的评论吧，让你们从女人的角度看看自己未来要走的路。

好爸爸的前提是好丈夫

如果你不是一个好丈夫，就不一定称得上一个好爸爸，好丈夫是好爸爸的前提。谁都知道，孕妇的情绪会影响胎儿的生长发育，而孕妇的情绪与准爸爸息息相关。爱孩子的好爸爸首先要懂得如何为孩子提供一个温暖、温馨、稳定的家庭环境。对孩子来说，没有什么比一个健康幸福的家更重要。我很感激我的老公，他虽然工作很忙，但是在我怀孕时能尽量陪我，让我开心。过去我逛街，他宁愿在车里听两个小时的交通台也不愿下来走一步，但是我怀孕后，他能耐着性子陪我逛一个又一个专卖店，哪怕我转了半天一件衣服都没买（那些腰围在两尺之内的衣服实在不适合我穿）。要是过去，他早火了，他会认为我花时间做无用功，但是在孕期，他从来没有表现出不耐烦。这些细节让我很感动，我知道他已经尽了力。在老公的陪伴下，我顺利地生下了我的宝贝。我觉得我老公是一个好丈夫，也会是一个好爸爸！

——新妈妈 木白 宝贝 1 岁 2 个月

懂女人心的男人才会是好爸爸

木白真是幸福，因为她老公懂得女人心，知道女人需要什么，知道女人需要的东西和男人是不一样的。他能理解并满足妻子的需要。我在这里给准爸爸们提一些建设性的意见：虽然妻子怀孕会让某些活动受到限制，但是你依然可以带她去逛逛超市，参加朋友聚会，甚至出门旅游。不要一怀孕就让她宅在家里，孩子和孕妇没有那么娇贵！平时给她买点小礼物，例如鲜花、漂亮的钥匙扣等，花不了多少钱，却能给她带来很大的快乐。我老公有一次出差，给我淘回来一条手工做的钥匙扣，让我感动了好久，因为那正是我喜欢的风格。

——新妈妈 小庆 宝贝6个月

好爸爸需要过硬的心理素质

如果说在妻子孕期，准爸爸们修炼的功夫要达到3级的话，那么当宝贝出生后，新爸爸的功夫需要达到10级才可以称得上是优秀的爸爸。各位准爸爸们，你们是否知道孩子出生后要面对的生活是什么？咱就不说孩子的吃喝拉撒，不说产妇容易患上的产后抑郁，也不说你可能要面对的婆媳维和工作，单说晚上睡觉这一项，就是一般人很难做好的。小宝宝刚一出生，家里人就要面临无法“一觉睡到天亮”的问题。当然，躲在其他房间，隔音效果好除外。其他人或许都可以躲，但是身心疲惫的新妈妈是无法躲过去的，两个小时，

甚至是更短的时间便要醒一次的折磨，使原本就虚弱的新妈妈更容易烦躁。在这种情况下，如果你把这些事情全都丢给妻子，将会给你们的婚姻生活埋下难以抹去的怨恨。睡眠一次次被干扰确实让人发狂，但如果你能起来帮宝贝换换尿布，承担一点责任，让妻子多睡一会儿，她的奶水就会更充足。当过了两三个月，孩子的夜间睡眠时间会加长，你们夫妻夜间也不用这么辛苦地加班了。这些共同经历会让你们夫妻的感情更深，而不会成为妻子总是念念不忘的委屈。当然，要做到这样，需要丈夫很好的忍耐力和较强的心理素质。

——新妈妈　玉玉　宝贝3岁4个月

坚持学习的爸爸肯定是好爸爸

准爸爸们，我想问你们，你们知道妻子怀孕时吃些什么对孩子有好处吗？怎么进行胎教？宝贝出生后，怎么给宝贝拍嗝？怎么抱孩子？怎么给宝贝洗澡……这些，你们心里都有数吗？有些爸爸认为这些事情都是妈妈要做的事，把教育的责任推给妈妈，这样的爸爸放弃了学习、成长的机会，也放弃了当一个好爸爸的机会。全职妈妈到处都是，全职奶爸实属罕见，要获得“好爸爸”的证书，需要更多的爸爸增强意识，做好终身学习的准备！

——新妈妈　小方　宝贝7个月

小贴士

小宝宝刚一出生，家里人就要面临无法“一觉睡到天亮”的问题。当然，躲在其他房间，隔音效果好除外。其他人或许都可以躲，但是身心疲惫的新妈妈是无法躲过去的，两个小时，甚至是更短的时间便要醒一次的折磨，使原本就虚弱的新妈妈更容易烦躁。在这种情况下，如果你把这些事情全都丢给妻子，将会给你们的婚姻生活埋下难以抹去的怨恨。

Part4 生育是一场华丽的生命体验

必备的分娩准备工作

怀胎十月，一朝分娩。真要到了分娩那一天，很多姐妹就开始紧张起来了，因为关于分娩，了解到的信息都是可怕的剧痛、撕心裂肺的号叫……因为忍受不了疼痛，本来可以顺产，却中途大叫“给我剖了吧！”的也大有人在。

如果说分娩是女人一生中的一项重要功课，那么我们在怀孕的时候就要预习好这门功课，未雨绸缪，不打无准备之仗。漫漫孕期，有足够的时间让你准备。

以下是妈咪论坛上一些新妈妈的经验分享，我整理了一下，供各位姐妹参考。

与医生有足够高质量的沟通

在孕期，孕妈妈要处理好很多的关系，其中有一个关系是绝对不能忽略的，就是医患关系。在医院里，作为患者，我们是寻求帮助者、配合者。摆正位置，就会明白保持谦虚谨慎的态度是必要的。如果你对于自己的身体有任何担忧和顾虑，不妨和医生沟通，有了请教的态度，满足了医生的自我价值感，你就能得到较好的专业指导。

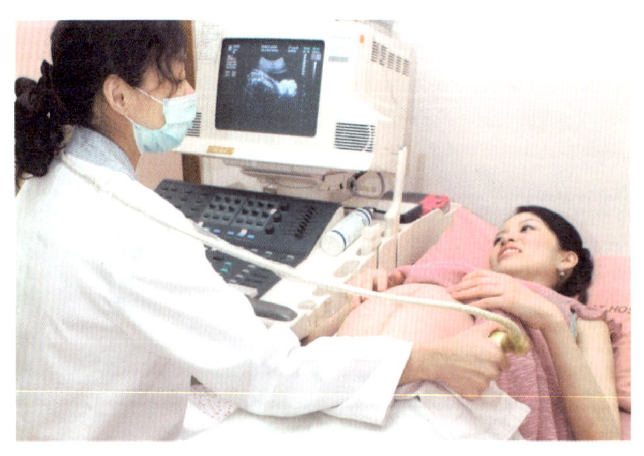

考察医院，选择最信任的一个

新妈咪分娩前后需要住院，医院的环境、医院的服务质量等因素将影响新妈咪产后的身心健康。有一位妈咪在谈到她过去的遭遇时感慨："生产后,因为经济条件一般，我选择了四个人的病房，结果病床之间连帘子都没有，我住院的那几天，其他病床都有男家属陪床，我起床小便非常不方便。后来去厕所大便，结果厕所的窗户大开，我穿着病号服，就一层布料，一阵冷风吹过来，一下子就把我吹透了。那可是三九天啊！"像这位妈咪提到的细节也需要关注一下，争取找到物美价廉的好医院。

学会让自己放松

在心情放松的情况下，我们的肌肉也会变得松弛，反之，心情越紧张，肌肉就会绷得越紧。顺产时，我们的宝宝是从产道出来的。如果我们精神紧张，产道的肌肉自然也会绷紧，宝宝就不会那么容易通过产道。如果我们精神放松，肌肉和骨盆都会处于舒缓状态，宝宝就容易顺利通过产道。精神紧张还会使我们疼得更厉害。因此，学会放松是保证我们顺利分娩的重要环节。掌握正确的呼吸方法有助于产妇放松，如学会扩张胸腔、腹式呼吸，不仅可以让子宫得到足够的氧气，还能使分娩时宫缩更有效，加快分娩过程。

了解五大分娩征兆

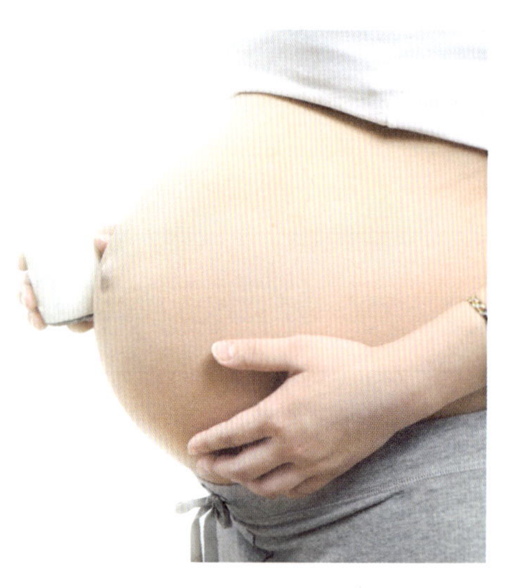

阴道分泌物增多： 随着分娩的临近，自子宫颈口及阴道排出的分泌物增多。这个现象多发生在分娩前数日或即将分娩前。

宫缩： 临产前，子宫收缩趋于规律，并且间歇的时间越来越短，当宫缩的强度逐渐增加，痛感也会越来越强烈。临产宫缩一般开始时间隔十几分钟，逐渐增加到每 10 分钟有 2 ~ 3 次宫缩。

腰坠酸痛： 胎头下降使骨盆受到压力增加，腰坠腰酸的感觉会越来越明显。

大、小便次数增多： 胎头下降会压迫膀胱和直肠，使得小便之后仍感觉有尿意，大便之后也不觉得舒畅痛快。

见红： 阴道排出含有血液的黏液白带，俗称“见红”，通常是粉红色或褐色的黏稠液体。一般来说，见红后 24 ~ 48 小时就会开始阵痛，进入分娩阶段，但是也有很多人见红后几天甚至 1 周才分娩。如果流出血量较多，超过生理期的月经量，就应该考虑立即去医院。

小贴士

如果说分娩是女人一生中的一项重要功课，那么我们在怀孕的时候就要预习好这门功课，未雨绸缪，不打无准备之仗。漫漫孕期，有足够的时间让你准备。

面对生产剧痛，剖还是不剖？

我们经常在电影、电视剧里看到女人生产时候的恐怖镜头：头发被汗水浸湿，变成一缕一缕的，脸色苍白，发出声嘶力竭的号叫，就像在死亡边缘挣扎……看到这样的场景难免会让准妈妈们不寒而栗：吓死人了！要不生孩子的时候，还是选择剖宫产吧……

女人生产时的痛苦确实是人能承受的极端痛苦之一。我曾看到朋友在阵痛时的表现，手死死地握住床头的铁护栏，咬着牙关，随着阵痛的冲击身体一抖，一抖……但是她的眼神是坚定的。那是一个即将成为母亲的女人接受生产考验的生动写照！是啊，经历了这场磨难，我们预先获知了“母亲”这个名词对于女人的意义：勇敢，坚忍，为了孩子可以豁出去一切。

《孕妈咪》杂志曾经邀请我写一写我当初的生产经历，在此一并和朋友们分享，希望起到抛砖引玉的作用。

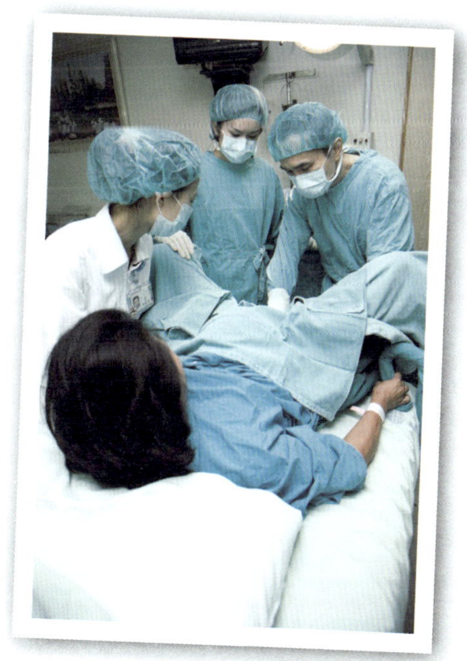

在生小宝前，我是将生产这件事情当成一场战斗去准备的。在怀孕时我就开始研究分娩时如何减轻痛苦，什么时候该补充能量，什么时候该冲刺，又看了几遍分娩过程的录像。对于生孩子这件事情，我终于从心底里有了谱。当对未知的东西有了了解之后，它就显得不那么可怕了。

在预产期临近的日子，每当平静地躺在床上时，我头脑里都会像过电影一样将整个分娩的过程放一遍，包括所有可以预见到的细节。

做好了准备工作，我在预产期那天住进了医院。身体一直未出现破水、见红以及阵痛的症状，但是羊水的质量已经开始下降了，我不停地爬楼梯，但是小宝还是贪恋我的子宫，始终没有想出来的意思。最后我同意了医生的建议：实施催产。

住院的第2天，我由老公陪着吃了香喷喷的早点，尽可能多地补充能量，回到医院后从容地洗了头发。在打催产针之前，又顺利地排了大便，如果肠内有大便存留，很可能在生宝宝时同时……那真够尴尬的……

早上9点打了催产针，11点左右阵痛开始厉害了，疼出汗来是难免的，阵痛的间隔也越来越短了。虽然不饿，但我也让老公喂我吃了巧克力来补充体能。我弓着身体，蜷缩在床上，阵痛一来赶紧吸气。随着阵痛的撤退缓缓呼气，当阵痛如连发子弹连续向我进攻的时候，有一种即将要窒息的感觉，一种濒临死亡的感觉袭上心头！我指着头顶的吸氧器说："我——要——吸氧！"一句话停顿了几次，终于被说出了口。

那是一种腰部被生生折断的痛，虽然老公坐在病床上用他能利用上的所有身体部位顶着我的腰，但那未曾体验过的痛还是席卷了我所有的感觉细胞。

很多女性往往会在这个时候要求剖宫产。是的，等待子宫口打开，欢迎孩子来到这个世界的时候，正是母亲最难熬的时刻。

似乎所有的力量都被抽走了，身体快要被剧烈的疼痛占满了，反抗的空间已经被压缩得微乎其微。当你要向痛苦举手投降的时候，也到了最紧要的关头！

便意出现了！医生终于同意我进入产房待产了，但是为了促进生产，必须自己走进去。那时候，我的意识已经模糊了，眼皮沉重极了，身体已经被疼痛麻痹。老公说我那时候已经破水了，但是那时我已经没有了感觉。

医生们在产房里忙着给其他产妇接生，我筋疲力尽地躺在产床上。忽然有护士过来看了一下尖叫道："胎心 80 了！"

天啊，我的宝宝有危险了吗？！我急得都要哭了，意识一下子变得极为清醒！千万不能让我的孩子有危险呀，无数潜伏在身体中的能量一瞬间都被唤醒了，原本被疼痛麻痹的我一下子获得了新生！

一声如母狮的吼声一般的叫声从自己的身体里发出来，我为自己能发出这样野兽般的声音而感到惊诧！那是我从未有过的悲壮、野性与潜能，那是一种前所未有的想用自己的生命去换取另一个生命的殷殷之情……

忽地一下，我看到肚子像泄气的皮球一样缩了下去，我的孩子降生了！

在与疼痛对抗的整个过程中，

我除了说几句必要的话之外一直咬紧牙关，沉默不语。因为这个时候，最好不要浪费一丝一毫的体能和精力。在待产时，我曾听到同病房的其他姐妹在阵痛时大声喊痛，甚至大骂老公给她带来了这样的罪，我真为她们如此浪费力气感到遗憾。

最后我也痛得不由自主地流出了泪，但我随即就后悔了，因为哭了之后我马上感觉喘不上气，真不如不哭！

对有能力正常分娩的女性来说，阴道分娩是最好的途径，而对患有妊娠合并症或妊娠并发症的产妇及可能难产的产妇来说，剖宫产是最好的分娩方式。孕妇和家属应根据具体情况选择合适的分娩方式。

小贴士

我们对生产的恐惧，大多源于对分娩这件未知事情本能的恐惧。如果我们能提早多看看相关的分娩资料，对分娩过程有所了解，又像对待一项任务一样来准备和实施的话，我们的分娩过程就会更加从容和顺利。

给照顾你坐月子的人洗脑

坐月子是女人一生中的大事。这时的新妈妈是个需要静养而又无法静养的病人，因为孩子的吃喝拉撒让新妈妈无法正常休息。如果这时候还与照顾月子的人产生观念上的冲突，新妈妈无异于腹背受敌。先看看如下场景，你就会知道你将可能面临的纠结了。

流火的 8 月，整整 1 个月，老妈（或者婆婆）在不开空调的情况下，坚决不让你洗头发、洗澡，而你每天都大汗淋漓，觉得自己都要“馊”了，这时候到底该不该洗澡？

你知道新生儿不该像过去一样绑腿，可是从农村来的老人坚持要绑，说这样孩子的腿才能更直。面对这样的冲突，你该坚持自己的观念还是屈服？

老人要给小婴儿挤乳头，说这样以后乳头才不会凹陷，你不让她挤，她就和你急，你该怎么办？

……

在持有新观念的新妈妈和揣着老观念的婆婆、妈妈之间，必定会产生很多观念上的冲突，这些冲突很容易演变成家庭矛盾。大家都是为小宝贝好，都觉得自己的方法会给产妇和孩子带来好处，甚至是会影响一生的好处。

可有时，双方会因为观念的不同而产生冲突，感到委屈与愤怒。如婆婆在夏天非要媳妇戴头巾，而媳妇不想戴，双方就会进一步争吵：“我这么大岁数了来伺候你，一切都为了你好，你却给我脸色！”“谁让你来了，你根本不是照顾我的，你是照顾你孙子（女）的，这是你应该做的！”一旦吵成这样，两败俱伤的局面就难以避免。

当其中一方因为不接受对方的意见，而伤害了小宝贝时，更会激发两代人的冲突，甚至会导致整个家庭破裂。“看看，是不是我说得对？”不管是谁说出这样的话，都让对方很难接受。

两代人应该如何相处，才能使新妈妈安然地度过月子期呢？聪明的孕妈咪们要采取主动措施，趁着孕期早日下手，防患于未然。最好的办法是提前给照顾你月子的人洗脑。

需要注意的是，你如果想让老人家学习新知识，接受新观念，就千万不要做出一副高高在上的姿态，否则容易惹恼老人家，甚至对方还会回敬你两句：“当年你（我儿子）不就是我这样带大的吗？不也好好的吗？”立即叫你哑口无言，并且会怪你“讲究太多”，威胁你“不听老人言，吃亏在眼前”。老权威怎么会那么轻易被你撼动？因此，洗脑一定要讲究策略。

接受专业培训

此方法适合思想开放、乐于接受新知识、与时俱进的老人。她们有主动学习的意识，你还没有说呢，她自己就已经想办法学习了。现在有些地方开设了“准外婆、奶奶月子护理培训班”，教授孕妇护理、新生儿保健与生活护理、新生儿早期智力开发等课程，可以帮助这些准外婆、奶奶胜任月子护理员的工作。建议你悄悄地把培训费交了，老人问起来，或者说免费，或者把费用说少一点，否则老人家会因心疼钱而拒绝参加。

通过书本自主学习

没有条件参加培训班的老人，可以通过读书来学习育儿知识，更新陈旧的育儿理念。有些老人特别迷信白纸黑字，动辄“书上都说了”。这样的老人可塑性挺强，你只要收集相关的书籍，和老人一起阅读就可以了。

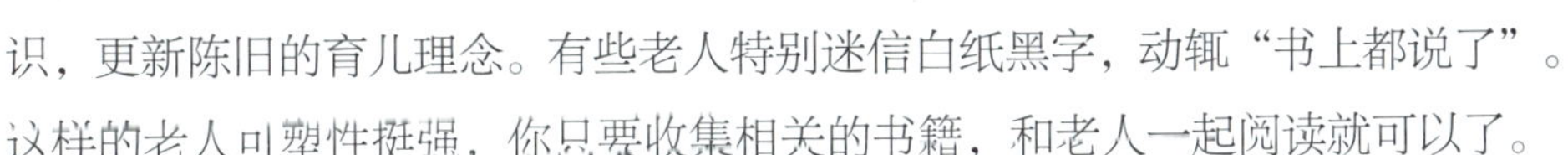

请医生当老师

老人即便不信你的话，但是对于有些行业权威的话还是会信的。有的老人特别崇拜权威，特别相信电视上的专家、学者说的话。你可以在电视上或者网络上找到相关的育儿节目，和老人一起学习和讨论。如果意见不能达成一致，可以在孕检时请教医生。医生当面说出的话，她们基本上会接受的。有时候，我们不能和老人硬碰硬，要学会采用迂回之道，不露声色地改变她们。

逐步渗透法

有的老年人非常顽固，对自己认定的事很难改变看法。这样的老人即便是面对权威、专家、医生、电视节目、书本的教诲，她也会说一句："都是骗人的。"面对这样的老人，绝对不适合强攻，你需要耐性好一些，可以采用滴水穿石法，慢慢渗透。最好找一个冲击力比较大的负面材料，假装不经意地让她看到，你可以淡定地说上一句："老观念真害人啊！"再顽固的老人可能也会开始反思自己的观点。对这样的老人，最好一下子让她的内心产生强烈的震撼，之后才有改变的可能性。遇到这样的老人也有一个好处，就是可以锻炼我们的智慧，磨炼我们的耐心。

特立独行法

如果面对老人你实在黔驴技穷，为了自保，为了避免造成更大的家庭矛盾，你不妨考虑请个受过专业培训的月嫂，或者直接入住月子中心，先将人生这段又重要又脆弱的日子顺利度过去才是最重要的。

小贴士

两代人应该如何相处，才能使新妈妈安然地度过月子期呢？聪明的孕妈咪们要采取主动措施，趁着孕期早日下手，防患于未然。最好的办法是提前给照顾你月子的人洗脑。

与“隔代育儿”和谐相处

隔代育儿是目前很普遍的社会现象，而隔代育儿的问题也困扰着很多家庭。作为预备役妈咪，当宝贝出生以后，你是自己带孩子，还是会请老一辈人帮忙呢？

那些接受了隔代育儿的妈妈是出于什么原因接受这种方式的呢？下面将具有代表性的立场或观点整理如下：

经济压力导致要请老人帮忙

我的工资占家庭收入的一半。孩子出生后，吃喝拉撒都需要花钱，如果我不出去赚钱，生活难以为继，靠我老公那几千块钱工资，如何供房供车供孩子啊！虽然我也很想留在家里陪伴孩子，但是我不得不出去工作呀。所以，只能请两边的老人来帮忙了。幸运的是，刚好两边的父母身体还不错。

——朱丽　宝贝 7 个月

不能放弃工作要请老人帮忙

说实话，我也知道妈妈陪伴在孩子身边的重要性，可是我不愿意放弃工作。在职场上拼了这么多年，职位越做越高，我对生孩子这件事情一直一拖再拖。后来实在熬不过老公的要求怀孕了，但是我怀孕 9 个月时还在坚持工作，因为那时我已经做到了高级经理的级别。为了这个职位，我在单位付出了整整 5 年的努力。

后来孩子 3 个月大后，我就回到了原单位。好在领导还为我保留了这个位置，但我知道，如果我再晚 1 个月上班，这个职位就不保了。在家的那几个月，简直闷死我了，还是回归社会让我感觉更舒服。做全职妈妈时，我完全失去了自我，整天蓬头垢面，过得一塌糊涂。回到职场上，我立刻神采奕奕，我感觉还是工作时的我最美丽。所以，我必须请老人来帮忙，如果老人不愿意来，我宁愿请保姆也不愿意自己带孩子。

——亮亮妈　宝贝10个月

带孩子不如老人，要请老人帮忙

生完孩子的时候，我觉得自己手足无措，都不敢抱孩子，也不敢给孩子洗澡，多亏有妈妈在身边。我感觉自己还是孩子呢，怎么能照顾好孩子？妈妈养育了两个孩子，经验丰富，我却是白纸一张，有她在，我就像吃了定心丸一样，说什么都不能让老妈走。

——丫丫妈　宝贝11个月

老人主动请缨，不让老人带娃都不行

我在怀孕的时候，婆婆就主动请缨要亲自来照看她的孙子或孙女。我本来怕有婆媳矛盾，不想让她过来，可是我刚和老公表达了这一意愿，就遭到老公的强烈指责，认为我不懂得领情。从其他好朋友那里我也获知，带孩子真的是非常辛苦，我也怕一个人带不来。既然婆婆主动要来带，我也就顺水推舟了。

——贝贝妈　宝贝6个月

既然妈妈们接受了“隔代教育”，那么，结果如何呢？再来看看妈妈们的典型焦虑吧。

孩子自闭，语言发展受限

我婆婆是安徽人，而我是东北人。婆婆不会说普通话，平时我和她说话都需要老公来翻译。时间长了，我也只能听个一知半解。婆婆性格内向，可能又因为她自己只会说方言，其他人也听不懂，所以她带孩子时基本不和小区里的人说话，哪里人少就去哪里。孩子也没有小伙伴玩。我观察我家宝贝与其他孩子相比，明显不爱说话，也不如别的孩子机灵。我自己的工作又舍不得放弃，其他人也不可能帮我看孩子，真是纠结！

——小宇妈 宝贝1岁5个月

包办过多，宽容过度

在教育问题上，我没少和我亲妈生气。我要培养孩子的独立性，凡事让她自己多想办法解决，可是后面我妈就给我拆台。比如，孩子上厕所够不到卫生间的灯，我正鼓励她想办法怎么借助其他东西去够，我妈就已经把小凳子给她搬过去了；我鼓励孩子自己吃饭，我妈却非得满屋追着孩子喂饭；我怕孩子吃太多甜食导致牙齿坏掉，严令禁止她吃糖，而我妈时常背着我去商店买糖给孩子吃……

我们两个人一起带孩子，但在教育问题上常常出现不愉快。我说深了，她就抹眼泪，要收拾行李回老家去；我说浅了，她压根不往心里去！现在孩子拿她姥姥当保护伞，我的教育理念在我妈那里大打折扣。真是无奈！

——萱萱妈 宝贝2岁1个月

怕饿怕冷，过犹不及

可能是因为老一辈人挨过饿，受过冻，所以对饿和冷特别敏感，就怕自己的孙子饿着、冻着。婆婆总是想办法让孩子多吃一点，吃一顿饭不惜连

哄带骗，有时候让宝贝吃到吐！每天看着婆婆追着孩子到处跑，就为了让他多吃一口，我就特别无奈：这种对饥饿的恐惧会持续这么久吗？搞得孩子现在特别讨厌吃饭，婆婆甚至会拿“不吃饭就不是好孩子”来要挟宝贝，吃饭和一个人的品质挂得上钩吗？

另外，她总爱给孩子穿得很厚很厚，她自己老了，怕冷，总觉得别人也和她一样觉得冷，以己度人。结果我每天下班回来摸孩子的后背都是一身汗。我对婆婆强调了很多次吃饭和穿衣的问题，她似乎是听进去了，但是行动上依然我行我素。这些生活中的细节很容易让我动怒，又不好发作，只能压抑，真想辞职算了。可是就算我辞职在家带孩子，婆婆依然与我们一起生活，天天在一起住也挺别扭的，想想这些真令人心烦。

——雨润妈　宝贝1岁6个月

在隔代教育中有诸多无奈，也有很多问题和烦恼，那么，如何与隔代教育和谐共存呢？

求同存异，让孩子接受多元文化

从本质上说，每个人的思想都是不同的，更不要说相差了那么多岁的两代人。受时代、教育程度和自身经验的影响，在养育孩子的问题上，是不可能完全达成一致观点的。一般来说，老一辈人更注重孩子的身体，一定要吃饱穿暖，千万不要得病，不能有危险，因而对孩子的控制和约束也会增多。新一代父母更注重对孩子智商和情商的培养，希望孩子能有更多的自由，发展更多的能力。

对于严重分歧部分，尽量不要当着孩子的面和老一辈人进行沟通，尽量以请教老一辈人的谦虚态度来讨论一些问题，和颜悦色地说出自己的想法。平时多给老一辈人准备一些教育类的书籍和光盘等，以共同学习的态度陪着老人一起提高养育孩子的技能。如此言传身教，孩子将来也就能学会与有不同意见的人和谐共处，学会如何沟通和求同存异。

谁的情绪更稳定，谁对孩子的影响就更大

一个家庭就是一个小社会，不可能事事以你为核心，别人也不可能都听从于你的安排。每个家庭成员都有不同的脾气秉性，但是谁的情绪更稳定，谁对孩子的影响也就更大。

比如姥爷总会在餐桌上指责孩子吃得多了少了，把饭弄在碗外面了等。如果你非常反对姥爷的做法，当着孩子的面说老爷子两句，没准会引发家庭争端。其实你可以平静愉快地吃完饭，给孩子做一个在被指责的情况下依然保持稳定情绪的示范，这对孩子来说，也是一个很好的学习机会。你可以在事后和孩子讨论，让孩子明白姥爷的用意和好心，并且讨论如何做才能让自己和姥爷都满意，还可以引导孩子思考，该如何表达自己的观点更合适。这样就会将矛盾转化为积极的分析和思考，并且培养了孩子理解和宽容别人的能力。

对于核心问题，绝不退让

作为家庭中的一员，我们在面对某些问题时需要睁一只眼闭一只眼，也就是说对于一些鸡毛蒜皮的小事，我们可以忽略不计，但是在一些大的问题上，比如要不要上亲子课、上哪家幼儿园等，如果老人出于节约的目的不赞成教育成本的投入，或者只看幼儿园的伙食而不关注教育理念，那么你可以坚持你的观点。

即使要坚持立场，也不是要你生硬地和老人对抗，而是要采取迂回的措施，先把老公说服，让他和你站在同一立场上，并且不断地传播有利于你的信息。你还可以借助书籍杂志、权威说法等慢慢动摇对方的心理。尽量不要采取激进的做法，要在老人的心理承受范围内进行说服。很多时候，谁越坚定，大家就会越偏向谁，当然，前提是你的意见有理有据。

小贴士

对于严重分歧部分，尽量不要当着孩子的面和老一辈人进行沟通，尽量以请教老一辈人的谦虚态度来讨论一些问题，和颜悦色地说出自己的想法。平时多给老一辈人准备一些教育类的书籍和光盘等，以共同学习的态度陪着老人一起提高养育孩子的技能。如此言传身教，孩子将来就能学会与有不同意见的人和谐共处，学会如何沟通和求同存异。

如何面对汹涌而来的产后抑郁？

在一次女性沙龙上，大家讨论了新妈妈产后抑郁的情况。新妈妈小秋分享了她的经历并总结了几点原因。小秋很善于总结，她总结的每个要点都说到了新妈妈们的心坎上。了解一些新妈妈的生活，有利于准妈妈做好心理准备。

疲累

虽然国家规定孕妇产后享有产假，但这是一个非常累人的假期。产后半年内我没睡过一个超过 5 个小时的整觉。有时凌晨 2 点左右就会被宝宝叫醒，给他喂过奶，他睡了，我却好久都睡不着。这时的我，非常崩溃。

晚上的睡眠就这样被弄得支离破碎，而白天的时候，我往往忙了一天才发现自己牙还没刷、脸还没洗。产假结束我回医院值夜班，因为是第一个离开宝宝独自睡觉的夜晚，我睡得沉极了。来病人时，护士砸门都没把我叫醒，只好搭梯子从窗户爬进来弄醒我。这说明什么？比起产假里带宝宝，在医院值夜班大概还算个轻松活儿！

单调

当孩子大一点的时候还能与妈妈有个互动，而孩子刚出生那会儿，既不会笑，也很少与妈妈交流，就是吃、拉、睡，妈妈时时刻刻都在忙拍拍、抱抱、喂喂这样的事情。月子里每天只想着宝宝多长时间喂一次，一天换几个尿布，夜里起来几次，这一切颠覆了我正常的生活。有时候，我去洗澡时心情很矛盾，一边担心阿姨带不好宝宝，想赶紧洗完后自己带宝宝，一边又觉得宝宝不在身边真是轻松自在，想多磨蹭一会儿，然后又为自己有这种想法而内疚。

孤独

妈妈产后的生活重心全在宝宝的吃喝拉撒上，生活里没有同事，没有朋友，更不能随便出门。因为还要定时喂奶，大部分时间待在家里，感觉与很多朋友失去了共同的话题。白天也常有一种“被困住了”的感觉。去超市购物算是奢侈的出行，但是脑海里总是回荡着宝宝的哭声，还得着急忙慌地赶回家。

缺乏成就感

我从小受的教育是像男孩子一样好好读书，有一份体面的职业，有经济实力，受人尊重。如果上班的话，工资多少是看得见的，升职与加薪更能证明自己的价值。如果自己在家带小孩，就意味着事业停滞，况且现在自己才30岁左右，正处在事业上比较关键的年龄阶段。

小秋遇到的这些情况是很多新妈妈都会遇到的。据统计，50%～70%的产妇产后都会经历一段“蓝色”忧郁期，其中抑郁程度较重，对正常生活影响较大的称为“产后抑郁症”。按照国际精神类疾病诊断标准，产后6周之内出现的抑郁属于产后抑郁的范畴，而产后6周以上出现的抑郁就属于抑郁症的范畴。

小秋的描述便于我们理解新妈妈们容易抑郁的原因，即产后离职在家照料小孩这种生活方式的巨大改变（医学上称为“应激性事件”）对母亲心理造成冲击，导致情绪失调。产后生活单调、过度劳累、自我价值得不到肯定是小秋患产后抑郁症的外在原因，内在原因是新上岗的母亲还未适应“母亲”的角色。

母性不是天生的，而是通过学习积累的。女孩一出生，长辈、书籍、影视剧等无时无刻不在教导和培养她们如何成为一个好母亲。对于新女性，尤其是习惯于自我独立的职业女性来说，做母亲意味着牺牲自我，成全家庭，这让她们很不适应。

做母亲是一份伟大、重要的职业，它需要坚韧的耐心、深沉的真爱。除了某些观念要改变之外，想要更好地面对做母亲的挑战，准妈妈或者新妈妈们可以从以下方面做好准备：

重新自我规划

需要重新规划的内容包括人生目标、职业情况、生活方式等，要将以前成熟的自我体系进行适当调整。如我本人过去做网站管理工作，工作节奏快，压力很大，经常加班。生了宝宝后就不可能再去从事类似的工作了。于是我重新制订了职业规划，边带宝宝边考了心理咨询师的资格证，之后结合自己的传媒专业，兼职做一些写作和咨询工作。也有很多妈妈开网店或是学习新的技能，这样既能开始新的职业，实现自己的价值，又能兼顾照看孩子。

为了孩子，在某种程度上适当放弃自我

孩子进入了我们的生活，必然会分走我们的很多精力，但注意这绝不是让妈妈们完全放弃自我。孩子出生后的头3年会占据妈妈的大部分时间，这个时候，你的主要社会角色是母亲，你为了孩子可能没时间逛街，也不能会友，更谈不上远途旅游，但你仍然可以利用这段时间学习新的知识或技能来滋养自己的成长，如营养学、儿童心理学、医疗护理、烹饪等。永远不要将自己只定位为母亲这一个角色，否则会失去自我。

不要指望孩子一出生，你就会爱他

慢慢培养对孩子的爱，并从中收获乐趣。我的一个朋友曾回忆当初她看到刚生下来的宝宝的感受：啊！他怎么这么丑啊，快拿走！她说她当初对这个丑

家伙没有一点爱意，后来随着与孩子的互动，才萌生了母爱的情怀。

找到其他方法应对照料孩子的压力

你需要学会寻求帮助，如可以请自己妈妈或者婆婆帮忙照顾一段时间。留一点时间给自己，哪怕是躲在咖啡馆里听听音乐，看一本小说，或者只是呆呆地看看路边的人流。不要为自己不在宝宝身边而对宝宝产生内疚，你的好心情对宝宝来说更重要。

和其他妈妈交流

和别的妈妈谈论宝宝是非常令人开心的事。如果身边没有这样的朋友，那么在育儿网站里和别的妈妈交流也会很开心。你会惊喜地发现，居然有人和你一样，可以一边吃着饭一边津津有味地谈着宝宝的拉撒问题。

很多新妈妈一边感觉育儿工作的困顿劳累，一边埋怨老公一点儿都不帮助自己照顾宝宝。实际上，当爸爸想抱抱宝宝的时候，妈妈往往会阻拦："你笨手笨脚的，还是给我吧！"当孩子和老公在家的时候，妈妈又总是不放心："他是照顾不好宝宝的！"在这样的信息强化下，爸爸越发觉得自己在照顾宝宝方面很无能，因此，离育儿的工作也就越来越远了。其实，大多数爸爸还是爱妈妈、爱宝宝的，主要是妈妈没有给爸爸参与育儿的机会，爸爸不理解带小孩的辛苦。这不但加重了妈妈的负担，而且对爸爸也并不公平，导致爸爸错过了好多见证孩子成长的美好时刻。

小贴士

聪明的妈妈要多赞美爸爸对宝宝的付出，强化他对宝宝的爱，同时，也要及时把宝宝对爸爸的依恋告诉他，强化他做父亲的责任感。这样不仅能减轻妈妈育儿的劳累，也能让爸爸共同感受育儿的幸福。

你有育儿焦虑吗？

我在和一些妈妈沟通的时候，发现很多妈妈存在育儿焦虑：看到有的妈妈给宝贝报了亲子班，她就算借钱也跟着去报，就怕孩子输在起跑线上；看到有的妈妈给宝贝买了漂亮的新衣服，她就感觉自己宝宝的衣服太旧了；有的妈妈表面上一个劲地夸自己孩子“宝宝真棒”，私下里却对我说“我家宝宝特别不爱说话，可愁死我了”。

还有一些过分焦虑的妈妈，总是担心自己做得不好，时时处于内疚之中。孩子感冒了，她怀疑是自己后半夜睡得太死，没能像猫头鹰一样彻夜值班导致的；看到别的孩子能流利地唱几首儿歌，而自己的孩子做不到，就责怪自己平时没有多花时间开发孩子的智力；自己的孩子比别人的孩子个子矮，就觉得自己在孩子的营养上没有多下功夫……

各位妈妈，请记得，你是个普通人，不是神。

我们每个人都有自身的局限性，都会有遗憾，都有想不到的地方，陪伴孩子成长固然重要，但是如果你对宝宝的照料过于投入，事无巨细，费尽心思，时间长了，便会感到情绪低落，失眠，注意力难以集中，严重的还会变得脾气暴躁，甚至出现神经衰弱等生理不适症状。随之而来的便是生活质量下降，仿佛育儿成了让人烦恼的责任，过去平静的小家庭似乎因为宝宝的降临而被扰乱，丧失了生活最初的乐趣。这种严重的焦虑不仅影响了你的身心健康，同时，这种不良情绪还会传染给宝宝，给他造成不良影响。

这些妈妈的焦虑很大程度上来源于自己的恐惧。由于社会竞争压力大，因此成人们习惯了居安思危，未雨绸缪。这往往导致家长对孩子的期望值过大，总喜欢拿自己家的孩子与别人家的做比较，一有差距就惊慌失措，坐立不安，想方设法地让孩子接受调教。殊不知大人过多的焦虑会让孩子不知所措，有时反而会让父母的希望落空，甚至适得其反……

我曾看到一个妈妈在女儿七八个月大的时候就开始训练她走路，嘴巴里还念叨着："宝宝真棒，你看别的宝宝都不如你学得快！"殊不知，在孩子的肌肉和骨骼还没有发育成熟的时候，就让她进行身体负担不了的活动，对孩子的发育没有好处只有伤害。千万要根据孩子生长发育的阶段和特点去培养孩子，不要做揠苗助长的事情！

另外，还有一些妈妈对孩子的安全问题非常焦虑，担心孩子会生病，天气冷点儿就不让孩子下楼玩，坚决不让孩子参与有危险性的活动。这些过度的担心只会禁锢孩子的天性。要知道，我们没有力量去保护孩子的一生，所以我们要给孩子受挫的机会。

虽然很多妈妈懂这个道理，但是仍然不肯放手，整天围着孩子转，让孩子厌烦。在这些妈妈的焦虑背后，最大的恐惧是担心失去孩子，这是很多妈妈沦为"孩奴"的原因。因为自己极端恐惧这种后果，所以可能会为了孩子的安全而让孩子失去快乐。其实只要保证 3 岁以内的孩子在自

己的视野之内玩耍，不要太在意孩子玩的是泥巴还是树叶，只要孩子玩得很开心，就不应该剥夺孩子的兴趣。

曾经在一本书中看到一位妈妈和一位智者的对话。孩子已经到了青春期，执意要和朋友们去一个遥远的地方探险。妈妈由于担心安全问题而坚决阻止，结果母子两个闹得很僵。其实这种问题会在孩子未来独立性更强的时候频频出现。智者建议妈妈放手，和孩子一起做好必要的安全准备之后让孩子去，并给他祝福，不要让担心这种消极情绪影响到孩子的快乐。这位妈妈说："那如果我从此失去了他该怎么办？"智者的话意味深长："事情分我的事、他人的事和老天的事，我们只能管我们自己的事，对于他人和老天的事我们是无能为力的。"

小贴士

这些妈妈的育儿焦虑很大程度上来源于自己的恐惧。由于社会竞争压力大，因此成人们习惯了居安思危，未雨绸缪。这往往导致家长对孩子的期望值过大，总喜欢拿自己家的孩子与别人家的做比较，一有差距就惊慌失措，坐立不安，想方设法地让孩子接受调教。殊不知大人过多的焦虑会让孩子不知所措，有时反而会让父母的希望落空，甚至适得其反。

有了好妈妈才有好宝宝

妈妈是孩子温暖的港湾，也是一些孩子走向罪恶的直接推手。后半句话是不是让你感到不可思议？天下哪个妈妈不爱自己的孩子，怎么能害自己的孩子呢？那我们先看一个真实的案例：在浙江，一名平日成绩优秀、品德优良的孩子亲手杀死了自己的母亲！而这个母亲，工资不高，靠帮别人加工毛线衣赚点钱供儿子读书，让孩子过着“吃穿全包，一心读书”的生活，为了儿子费尽了心血。但是她为了儿子的学习，不允许他有任何的兴趣爱好，动辄打骂孩子，逼孩子考取他认为自己没有能力考取的学校。孩子在高压管教下，最终拿榔头朝母亲后脑砸去，将母亲活活砸死。

这个妈妈看似为了孩子呕心沥血，却落得这样的下场！这个妈妈难道不爱自己的孩子吗？她虽然满怀爱孩子的心，但是教育方法不当，不仅害了孩子也害了自己。因此，对于孩子，光有爱而没有方法和智慧是行不通的。这对于即将晋级成为妈妈的朋友们来说是一个警钟。

现在，“80后”的新妈妈们面临的挑战似乎更大了，因为她们不仅要照顾家庭，还要卖力工作，而且工作时间更长，压力更大。在这样的社会形势下，妈妈们应该怎样去了解我们的孩子？如何有效地沟通？如何更有效地养育孩子？解决这些问题成了妈妈们的当务之急。

享誉全球的幼儿教育家蒙台梭利曾强调，人的功能在0~3岁这一阶段的发展比在3岁以后直到死亡的各个阶段发展的总和还要多。从这一点上来讲，我们可以把这3年看作重要的人生阶段。既然0~3岁对于人的一生如此重要，那么在这一阶段，我们的孩子该如何成长，而作为妈妈，我们又该如何根据不同阶段的特点因“时”施教？

每个人生阶段都会有不同的主题，作为妈妈的你，是否做好了相应的准备呢？

“妈妈”这个社会角色的担当，说容易又很容易，只要你生下了孩子，就可以当妈妈了；说难又太难，要保证孩子的身心都能健康地成长，你不仅要具备一些医学常识、营养学常识，还要具备一些心理学的常识，了解育儿的相关知识……所以说，要成为一个好妈妈，是需要勤奋学习的。

然而，在这个信息爆炸的社会，各种信息令人真假难辨。这时候妈妈更需要自信，相信自己，不盲从，在铺天盖地的信息和各种声音的轰炸中进行独立思考与判断，分清什么是对孩子来说最好的选择。但是，这样强大的自信从哪里来呢？

现在干什么工作都需要上岗证，即便养花养草，养羊养牛，我们都需要事先学习和了解。而对于养孩子，很多家长却认为能无师自通。很多父母在成为父母前是没有经过什么培训的，都是仓促到位。有很多妈妈并未做好充分的准备就怀孕了，在未来的育儿路上，有时不能很好地履行妈妈的责任。

即便是一些做了准备的妈妈，她们的辛劳有时也达不到预期的效果。有的妈妈确实为孩子付出了全部的爱，每天无条件满足孩子的所有要求，结果使孩子无法独立发展，变得没有力量，甚至使孩子心理、智力的发展滞后。

如何做一个好妈妈呢？做一个好妈妈的前提是要做好自己，要有自己独立的人格和属于自己的人生价值，将自己的生活过得有滋有味、丰富多彩，这样我们才能在养育孩子的时候，分清楚什么是自己的需求，什么是孩子的需求，真正做到爱孩子。

因此，培养孩子的过程何尝不是妈妈自我修炼的过程。要扮演好妈妈的角色着实不容易，就让我们以专业的要求来面对这份神圣的工作吧！随着这项工作的深入，我们自身也能得到成长，从这个角度看，这又是何等神奇的人生过程。

现在有一些社会机构开办了“父母课堂”，已经怀孕的或者准备怀孕的准妈妈们可以带着老公去学习一些育儿知识，既能为养育宝宝奠定一些基础，还能培养夫妻二人相同的教育理念，避免将来在育儿方法上存在太大的差异，从而影响夫妻感情。

另外，如果准妈妈在幼年的成长过程中遭遇过一些负面事件，或者父母给准妈妈造成过心理创伤，建议准妈妈先到一些心理咨询机构进行心理疗伤，或者参加一些心灵成长小组。只有把准妈妈自己的问题解决了，保证人格健康，才能在未来对孩子施以好的影响，否则可能会给孩子造成新的创伤。

小贴士

做一个好妈妈的前提是要做好自己，要有自己独立的人格和属于自己的人生价值，将自己的生活过得有滋有味、丰富多彩，这样我们才能在养育孩子的时候，分清楚什么是自己的需求，什么是孩子的需求，真正做到爱孩子。

“妈妈”的角色转换

从成为准妈妈到真正做妈妈，这个过程在心理层面上并不是随着孩子的出生就会自然完成的。其中的酸甜苦辣，唯有真正经历过才能体会。《妈咪宝贝》杂志曾邀请我谈谈这个变化过程，现在一同分享给那些还没有正式上任的准父母。

有一次，老公和我分享他在一本杂志上看到的话题“你是何时感觉到自己是个爸爸的”。他不太好意思地说直到女儿驾着学步车在客厅里仰着头向他“哎哎”地叫时，正在忙工作的他才忽然意识到自己当爸爸了。

已经经历十月怀胎并品尝了“豪华生命体验”——自然生产的我，那时候还挺鄙视他，按理说，我当妈的体会应该至少比他提前了一年半，那贪吃嗜睡的时光、腹内的胎动、顺产的疼痛、紊乱的睡眠、孩子一点一滴的成长，哪个过程没融入我这个妈妈的感觉，这岂是男人能体会到的？

直到发生了一件事，重重地提醒了我，其实我还没有完全融入妈妈这个角色里。

角色顿悟：我已经是妈妈了

那时候女儿刚会扶站，才八九个月大的样子，我们三口人一同去女儿叔叔家做客。晚上，我、婆婆和弟妹以及女儿在一个房间睡觉。刚关上灯不久，我就感到一个沉重的东西砸向我的嘴巴。大脑还没反应过来是怎么回事，嘴巴已经尝到了咸咸的滋味——出血了！

伴着女儿咿呀的声音我知道是怎么回事了：我亲爱的闺女在黑暗中抡

起奶瓶乱砸，结果我就成了牺牲品！

上嘴唇火辣辣地疼着，满口都是血，一股强烈的愤怒和委屈充斥在我的胸口，我招谁惹谁了？！白白挨了打，可是我能说什么？还不能还击，什么都不能做！真是“打掉了牙往肚子里咽”呀……

强压着愤怒的我一声不吭地迅速起身，摸着黑打开门跑到卫生间，躲在里面一边哽咽一边擦拭满嘴巴的血，心中愤怒的火焰在熊熊燃烧，可又充满了无奈。脑海中一会儿响起一个气愤的声音：气死我了！又马上响起了一个充满了委屈的声音：你是妈妈了……

婆婆和弟妹都起来询问是怎么回事。我不想把事情闹大，让其他房间的人知道，只好憋着气回到了卧室，一坐到床上，眼泪就忍不住流了下来。

那一刻，我变回了一个小女孩的角色。我无辜地受到了伤害，却不能向伤害我的家伙讨回公道，只能忍气吞声。我多么想扑到一个人的怀里，指着伤害我的家伙说：“她欺负我！”然后得到安慰。或是自己上去骂她一顿、打她一顿也好，可是这显然很不合适。

女儿好奇地从被窝里爬过来，扶着我的后背站起，撅着小屁股，眨巴着充满了天真、无知和好奇的眼睛，把脑袋凑到我的脸旁边，完全不知道自己是罪魁祸首。

小家伙不碰我还好，这一脸的好奇点燃了我内心愤怒的导火线：还敢来看热闹！我一甩肩膀，她一屁股坐到床上，哇哇大哭起来。

听她这么一哭，内疚马上袭击了我。是啊，孩子毕竟还小，自己已经是妈妈了，不再是那个处处受宠的公主了。那一刻，我似乎才真正完成了一个由“女孩”向“妈妈”角色转换的仪式，“妈妈”这个角色才真正在我的灵魂里苏醒。

当宝宝降生的时候，会有多少父母能清醒地认识到自己要承担的责任和义务呢？虽然家庭生活已经与过去大不相同，但我们的生活方式和人生态度还没有立刻发生改变。我们依然需要丰富多彩的个人生活，需要别人的疼爱，甚至需要爱人一如既往的关注，但是孩子会极大地改变这一切。如果不能面对这样的现实，我们就会纠结、痛苦或是“产后抑郁”。

角色转换需要被仪式唤醒

我是在孩子因为被我的肩膀甩开而大哭的那一刻，意识到自己是个妈妈了。如果有更好的方式，我想或许我会提前意识到这一点。

在女儿刚刚能跑的时候，我带她去参加我一个同学为儿子办的满月酒宴。当时，酒宴的排场很大，入口处有礼仪小姐负责嘉宾签到，之后有司仪引导客人入席，同学、同事、亲属来自全国各地。

在老家，太多的“办事为虚，敛财为实”的“庆祝仪式”让我心生抵触。在北京多年，很少碰到这样的“俗事”。我自己在结婚、买房和生孩子等重大人生问题上也是尽量低调，生怕落入令自己深恶痛绝的形式主义。如今应同学的邀请，主要是想让女儿多见识一下。

但是，当同学夫妇两个抱着孩子，在台上发表父母感言，由自己当父母想到自己父母的艰辛而向父母鞠躬的时候，我被深深地震撼了。当这对新父母抱着1个月的宝宝来到各个酒桌前，大家纷纷向他们表示祝贺，给孩子祝福的时候，我感觉到了许久未曾体会的庄重感……

那一瞬间，我明白了自己为何那么晚才体会到当妈妈的感觉，那是因为当生命发生重大转折的时候，自己的生活中缺少一个仪式来提醒和引导自己，哪怕只是一个简单的方式。

心灵的蜕变需要助力，心灵成长的节拍也需要靠一些仪式来呼应。这样，我们在生命发生转折的那一刻，才能更清楚地知道自己正在脱离过去，迈向未来。

我们可以灵活扮演各种角色

当我们从女孩蜕变成妈妈的时候，也并不是一定要完全抛弃女孩的身份。当我们走向新生活时，也没必要和过去的自己彻底决裂。

当你想购买某件衣服的时候，你是否听到过这样的声音："都当妈的人了，还穿得这么嫩！"

当你想和老朋友聚会的时候，你是否听到过这样的声音："你能忍心把孩子扔给别人？"

当你脆弱无助得要掉眼泪的时候，你是否听到过这样的声音："你是妈妈，应该坚强！"

是的，当我们成为妈妈以后，偶尔会听到这样的声音，它批判着我们，指责着我们，高呼着让我们与过去的自己彻底决裂，有时候让我们左右为难，或者感觉受到了束缚。这些声音，有时候来自外界，但本质上是来自我们的内心。如果我们的内心没有这样的批判，我们也就不会在乎别人的评论。

我们就这样被"妈妈"这个

角色绑架了。我们确实迈向了新生活，可是在新生活里，我们失去了太多的东西，想要回头已惘然。如果你也曾经遭遇过我过去这样的心境，你一定像我一样被“妈妈”这个角色绑架了。

其实“女孩”和“妈妈”这两个角色是可以并存的。“妈妈”这个角色意味着给予别人关注和爱，“女孩”的角色意味着需要别人的关注和爱。并不是扮演“妈妈”这个角色后，就一定要抛弃“女孩”的角色，这两者并不是非此即彼的关系。当我们在内心划出一个足够大的空间给“妈妈”之后，还可以为自己保留一个当“女孩”的空间，这个空间得到了充分的滋养，“妈妈”的空间也会获益，否则，“妈妈”的空间就成了无源之水。

当“妈妈”这个角色出现在生命里时，并不妨碍你将另外的角色扮演得更好。

你可以是一个慈爱的妈妈，你也可以是一个玩滑板的嘻哈女孩；

你可以给孩子无限的宠爱，你也可以在父母和老公那里噘嘴、撒娇；

你可以为孩子勇敢地撑起一片天，你也可以躲在老公的怀抱里偷偷地哭泣……

从“女孩”的角色走进“妈妈”的角色里后，还需要走出来，让各个角色和谐相处，我们才能更加游刃有余地生活。

小贴士

“女孩”和“妈妈”这两个角色是可以并存的。“妈妈”这个角色意味着给予别人关注和爱，“女孩”的角色意味着需要别人的关注和爱。并不是扮演“妈妈”这个角色后，就一定要抛弃“女孩”的角色，这两者并不是非此即彼的关系。

是做全职妈妈还是做职场妈妈？

很多新妈妈都在为是上班还是在家带孩子而痛苦挣扎。如果去上班，把孩子交给别人来照顾，妈妈会十分不舍；如果在家带孩子，妈妈又担心自己的事业就此搁置，将来和社会脱节后，就很难再有合适的工作了；还有的妈妈是因为经济问题，老公一个人无法负担家中的开销，所以，妈妈们不得不出去工作来一起养家。

我曾在网上看过一位妈妈心酸的经历：

宝宝生下来后，一直是我和我妈带。宝宝6个月大的时候，我休完产假就去上班了，于是请了个阿姨帮我妈做做家务。但是宝宝7个月大的时候，阿姨说她家里有急事要回去，我一时手忙脚乱，不得已，只好将宝宝送回老家，让我爸妈一起带。

就这样，现在我和宝宝分开快1个多月了，一闲下来的时候，思念的爪子就刨着我的胸口。我很想宝宝，可是工作又太忙。宝宝没回老家的时候，每天宝宝没醒，我就去上班了，晚上九十点钟才回到家里，那时宝宝早已睡着了，在周一到周五基本没时间和宝宝交流，唯一的交流时间只有周六和周日。所以，即使把宝宝接回来，又有什么用呢？我还是没有时间照顾他。

看着宝宝一天天长大，我一天天地错过他成长的岁月，心里真的好难受。可是，如果不上班，当全职妈妈的话，我又不能舍弃每月1万多元的收入，也不想让宝宝爸爸独自承担经济压力，毕竟，我的收入也不算少。

我该怎么办呢？真的好想宝宝，每每看见小区的其他孩子，我就想起自己的宝宝。听见别人家的宝宝哭，就像哭到自己心里一样难受。

看了这个妈妈的帖子，我忽然想起《发现母亲》里面再三提到的案例，就是一些从小被寄养在爷爷奶奶或者外公外婆家的孩子，回到自己的家庭之后，由于没有与父母建立起充分的依恋关系，情感磨合不当，再加上父母过分要求孩子的学习成绩而忽略了情感上的沟通，最后发生家庭悲剧。

婴幼儿时期缺乏母爱（“母爱”的来源不局限于孩子的母亲，也可能来自奶奶或养母等人，这里指的是抚养者高质量的关注和陪伴）的孩子，内心容易缺乏自信和安全感，很难感受到自己的价值，从而容易感到自卑、抑郁和愤怒。他们缺乏爱的能力，不容易与他人建立健康的关系，无论是友情、爱情还是亲情。他们感觉世界是不安全的，经常处于一种惶恐不安的状态，既不能信任自己，也不能信任其他任何人，这种心态让他们非常痛苦。他们也容易做出反社会行为，容易犯罪。缺乏母爱的孩子，一般很难感受到快乐，也很难感受到幸福。

健康的依恋关系是亲子关系的基础，如果这种亲密的依恋关系没有在早期建立起来，以后孩子与父母之间就很难再有高质量的亲密关系了。而这种依恋，正是婴幼儿期建立起来的。关于婴儿与父母的依恋关系，心理学大师约翰·包尔比通过对母婴的观察和研究，有过突破性的发现。他认为，人类婴儿的依恋敏感期为 0~5 岁。英国专家夏佛与爱默森通过观察大批婴儿，将这个敏感期的具体开始时间锁定在孩子 7 个月时。孩子通常更依恋母亲，依恋关系一旦形成，终生不变。包尔比一再强调，没有建立依恋关系的幼儿，长大后也难以跟其他人建立健康的关系。“婴儿期的母爱对心理健康来说，就像维生素和蛋白质对身体健康一样重要。”

开创了精神分析学说的弗洛伊德早就指出，如果母亲尽心地照料孩子，孩子就能获取一种信任和乐观的态度，这种态度将会伴随他一生。反之，如果孩子的需求得不到满足或者这种满足经常被拖延，他会由于自身的无能为力而哭泣并发怒，长大后变成一个悲观且对他人缺乏信任的人。弗洛伊德说："神经官能症是人在幼儿期（0~6 岁）患上的，尽管其症状可能很久以后才显现出来。1 岁之内的经历对儿童今后的生活来说至关重要。"

既然在孩子幼儿期建立依恋关系如此重要，那么妈妈们应该如何与孩子建立好这种安全型的依恋呢?

婴儿依恋关系的建立最根本的还是取决于妈妈的行为，它是在婴儿与妈妈的交往和感情交流中逐渐形成的。在这一社会性交往过程中，妈妈对婴儿发出的信号的敏感性和其对婴儿的爱抚的回应是最重要的。如果妈妈能非常关心婴儿所处的状态，注意听取和解读婴儿的信号，做出及时、恰当、爱抚的回应，婴儿就能发展出对妈妈的信任和亲近，形成安全型依恋。

安全依恋型婴儿长至 3 岁时一般会变得非常自信，在婴儿期建立了安全依恋关系的孩子在 3 岁时表现得坚强、自制力强，具有领导力和同理心。相反，没有建立安全型依恋关系的孩子会表现出行为的不确定性，表现得回避、退缩、缺乏好奇心。建立了安全依恋关系的婴儿之所以有自信去探索世界，是因为他们把父母作为安全稳定的后方。随着年龄的增长，自信能使这些孩子变得更加独立。爱通常是自信和独立滋长的土壤。如果我们知道有人爱自己，独自面对世界会变得更容易。

如果在婴儿期孩子的看护人频繁变动，那么孩子以后就很难与其他人建立信任关系，因此在这个时期最好固定看护人。当然，如果孩子从小的时候就一直由外婆或奶奶抚养，妈妈因为工作无暇照顾孩子，也不能和孩子居住在一起，那么长此以往，孩子可能会和老人建立依恋关系，很难与妈妈亲密。

孩子智慧的发展也依赖于自婴儿时期就得到细致入微的观察和关注。因为，婴儿最早的智慧活动常是倏忽即逝，要靠抚养人捕捉、发现并衍化它。

如果是老人带孩子，那么在教育方法、精力、体力上是否能满足孩子成长的需求？即便是老人能很好地照顾孩子，你能接受将来孩子不能与你建立牢固的亲密关系的现实吗？即使你在未来努力弥补，可能也收效甚微。

这些都是你在孩子婴幼儿时期选择离开时所要考虑的。即使不得不去上班，最好也要和孩子居住在一起，以保证下班后和周末休息时可以陪伴孩子。

有一位著名的儿童教育专家选择在孩子 3 岁前一直陪孩子，她这样说：“在孩子生命的头几年与他朝夕相处，一方面可以熟知他的成长过程，充分了解他的思想感情，掌握他的脾气秉性，这样可以为今后更好地教养他打下基础。另一方面可以培养我们之间的感情依恋，培养他对父母的信任，给予他完完全全的家庭安全感，让他知道，不管发生什么事情，妈妈会永远在他身边，第一个给他鼓励、安慰和支持，是他最知心的朋友。安全感能使他获得自信心，有此自信心，他最终可获得独立。”

很多妈妈在面临家庭和事业之间的选择时感到左右为难，很大程度上是因为内心有恐惧，害怕被别人看不起，害怕被社会遗忘，害怕被丈夫抛弃。这与社会对全职妈妈这个工作缺少必要的尊重和认同密不可分。我们打算做全职妈妈时，首先要和老公达成一致性的意见，要让老公明白全职妈妈的价值，老公的支持很重要。

另外，也不要有为了孩子牺牲自己的想法。如果有这样的心态，就会变得怨天尤人，甚至期待孩子对我们感恩戴德、顺从并且报答，那也不是真正的爱。

我们不一定是儿童教育专家，也不一定都有做全职妈妈的经济条件，每个家庭都有属于自己的独特性，每个生命也各不相同，但没有一个家庭、一个人的生活是完美的、没有缺憾的。如果你选择了一种精彩，就需要放弃若干种绚烂。

鱼和熊掌尚且不可兼得，而事业和孩子的问题又远比鱼和熊掌的问题要复杂得多。倘若放弃了鱼，至少还能愉快地吃熊掌。可是如果你为了养育孩子而不去上班，而内心又将事业放在第一位，那么纠结的你会很不开心，这种不良的情绪对孩子的成长也没有好处。因此，一定要知道在自己的内心中什么是放在第一位的，然后勇敢地去追求。但是你也要明白，无论怎么选，人生都会有遗憾。

女人可以把事业定义为最重要的事情，也可以把做一名好妈妈放在第一位。但是一定要牢记：选择并没有对和错，关键在于你要坚持自己的意愿。

在不完美的现实中，没有绝对的正确、英明，只有不断妥协。明白了这个道理，才算是活出了智慧，有了这种智慧，才能更好地当父母。

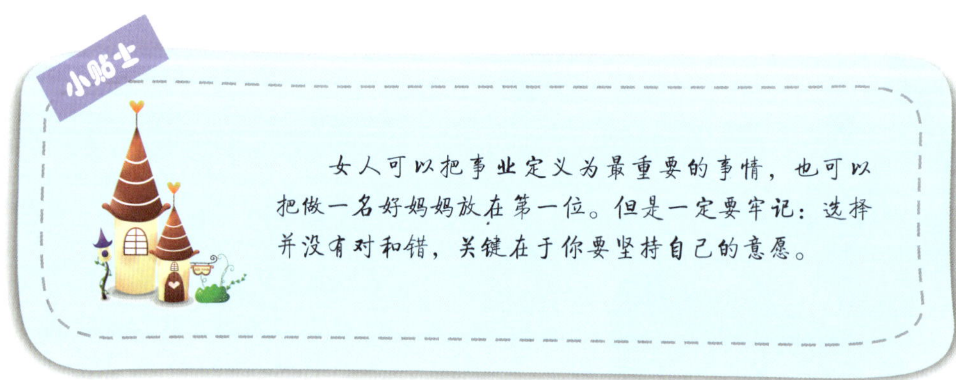

不做“孩奴”妈妈

夏夏妈已经做了 3 年全职妈妈。当别的妈妈羡慕她能天天和宝贝在一起，能够按照自己的想法来养育孩子时，她却积攒了一肚子苦水，恨不得远离全职妈咪的生活。最近，在“房奴”“卡奴”等名词之后，又兴起了“孩奴”一词。夏夏妈说她自己就是一个标准的“孩奴”。

说实话，全职照顾宝贝的生活很忙碌、很辛苦，而且很单调。

我每天早上 7 点起来消毒奶瓶、洗漱、给全家人做早饭。早上 8 点多，夏夏醒了，我给他穿衣，喂他吃饭。给小孩子喂饭绝对是一个考验人耐心的活儿，一点点粥和花卷，他吃 1 个小时还吃不完。手不停地玩这玩那，小嘴含着花卷既不嚼也不咽，真是急死人了！上午 9 点多，孩子吃完饭，我也抽空往自己嘴里送一点饭，然后简单收拾一下就带宝贝出去晒太阳，并且顺路买菜。

中午 11 点多我带孩子回家做饭。这个时间段我总是提心吊胆的，时不时要从厨房里出来看看宝贝。我怕他摸插线板，玩我的手机或剪刀，总得不时看着点。孩子总是能制造各种各样让人意想不到的麻烦。

吃完饭后，我陪他一起睡午觉。通常我都是等他睡着后，悄悄爬起来看看电视或者上上网，因为这是我一天中唯一的独处时间。

午睡后，夏夏一般在下午 3 点多醒来，我照旧要带他出去玩。我傍晚 5 点多回来做饭。老公一般晚上 7 点多进门，然后全家一起吃饭。晚上 9 点多，开始给夏夏洗漱、哄他睡觉。

晚上10点多等他睡着后，我开始收拾房间、洗衣服，炖点排骨或鸡。深夜11点多，我洗漱睡觉。

这样的日子过上1个月就会让人疯掉。我每天得面对夏夏不好好吃饭、玩具被扔得到处都是的情况，还要防备他去摸危险的东西。我已经不记得我上次无忧无虑地吃饭是什么时候了。更让我郁闷的是我非常孤独，没有人跟我说话。夏夏只是一个说话不太清楚的孩子，我只能哄着他，却不可能跟他聊天。老公下班回来后不是抱怨这个就是抱怨那个，要不就是闷头不说话。有时，我让他陪我说说话，他说他很烦，挣钱已经够辛苦的了，没义务陪我聊天，句句都让我寒心。

在生孩子以前，我和老公有过很美好的生活。可是夏夏出生之后，我夜夜都陪夏夏睡，很少和老公在一起了。夏夏现在都快3岁了，这期间我们总共有过三四次性生活。网上说，像老公这个岁数一周得有两三次。如果在他想要的时候，我没能及时给他，那他会去哪里找发泄出口？这个问题我想都不敢想。有时，我也向他提出来，可他完全不理会我。

我知道自己的样子变了很多。我变胖了很多，没时间运动，也没法节食。因为夏夏正处于“有样学样”的阶段，我一不吃饭，他也学着不吃饭，让老公看见又是一顿大吵。

后来，我们已经不再为性争吵，各管各的，但是钱这个问题避不开。老公每个月收入6000多元，在北京，这样的收入实在不算高。他的收入要负担我们的生活费、宝宝的奶粉钱、早教班等费用，每个月几乎攒不下一分钱。

老公特别反对我花钱，买衣服、化妆品之类的想都不要想（既没这个预算，也没这个时间），就连给宝宝买点鱼、虾、牛肉之类的食物他也要严格控制。每次跟他要钱都很痛苦，他经常奚落我：什么钱都挣不来，就知道在家吃现成的。当初我的工资可比他的高，而且我辞职也是他先提出来的。当初把我夸得像花似的，说我牺牲自己成全大家，如今什么也不提了。

面对这样的婚姻、这样的丈夫还有什么意思？但我不能离婚，不想让夏夏这么早就没有爸爸。而生活要维持下去也很难。我的出路在哪里？

夏夏妈妈的情况相信初当妈妈的人都深有体会。孩子出生后，整个家庭发生了很大的变化。对于新妈妈来说，角色发生了转变，由过去被老公疼爱的小女人变成了要做出巨大牺牲的母亲；社会地位发生转变，由过去的职场白领变成居家主妇；生活变得相对封闭，过去可以自由自在地做很多事情，但是现在只能在家里面对孩子，很多地方去不了，很多社会活动都不能去参加；面临经济紧张局面，由于妈妈不能上班，家庭收入减少，而孩子的花费又很高，很容易让家庭在经济上捉襟见肘；与老公的关系紧张，过去两个人有足够的空间和时间享受美好的生活，但是怀孕、生产后，夫妻的性生活受到很大的影响。由于经济压力、缺少正确的沟通方式，在孩子出

生后，夫妻双方对婚姻的满意度都会有所下降，这是个很普遍的现象。

在这样的情况下，新妈妈该如何在这样逼仄的空间里学会爱自己以及维护好自己的家庭呢？这里给出一点建议供大家参考。

要尽量适应自己的新角色

过去自己是女孩，而有了宝宝之后，自己就是母亲，开始步入成熟女人的阶段了。很多新妈妈的痛苦就在于苦苦留恋过去当“女孩”时的种种好处，过多地关注新角色的弊端，不知自己已进入了一个新的人生阶段。因此，当你做全职妈妈的时候，尽量多去想想新角色带来的种种好处：你的气质会发生改变，虽然你的眉眼不再单纯，但是慈爱会让你的全身散发出成熟的女人味；你的性情也会发生改变，过去可能任性，事事以自己为中心，但当了母亲的你会变得更加有耐心、更宽容，也能体会到父母养育自己的不易，从而学会爱别人；你的人生观也会发生改变，过去有可能不太喜欢孩子，但是有了自己的孩子之后，就会变得对全世界的孩子都怀有深深的母爱，那种能感受别人切肤之痛的能力才真切地在你心中生长。总之，你的人生进入了一个全新的阶段，这里有很美的风景等待你去发现。

把养育孩子的过程当作一次修复自己的机会

我们每个人在成长过程中，会在无意中或多或少地受到来自父母的伤害，这种伤害可能会影响我们一生。很多受过父母伤害的人发誓不再像父母对待自己那样去对待自己的孩子，可是有时往往会在无意中将过去父母对待自己的模式传承到下一代身上。比如有的人小时候得不到父母的尊重，他虽然告诫自己不要重蹈覆辙，却不由自主地又这样对待自己的孩子。也有的人会矫枉过正，自己小时候没有得到满足，就拼命地满足自己的孩子，这样也可能走向另一个极端，给孩子带来负面的影响，如小时候总穿旧衣服，就使劲给自己的孩子买各种新衣服，自己小时候没吃到多少好吃的，就给孩子买各种食品，造成溺爱。因此，在养育孩子的时候，要提高自己的觉察能力，注意自己与孩子的关系模式。哪些事件碰触了自己过去的伤？自己的哪些行为是为了满足自己？抚养孩子成长的过程，也是爱护自己内心的小孩的过程。你用恰当的方式对待自己的孩子，也是在爱自己、修复自己。

在养育孩子的过程中，自己是能得到成长的。新妈妈虽然每天都要面对无尽琐碎、单调的生活和封闭的空间，会失去与很多人交流的机会，但是只要新妈妈把这种工作当成是修炼自己的机会和磨炼自己意志的人生考验，就能去除一些焦虑烦躁，安心地面对宝宝和家人。

在社区里寻找自己的朋友圈子

当了妈妈之后，自己的活动范围一般就在本小区，最远可能是推着婴儿车散步的范围，距离一般不会超过 1000 米。由于照顾宝宝，和过去的朋友也无法经常在一起了，有的朋友因为没宝宝，和你没有共同语言，有了宝宝的朋友要忙着照顾自己的宝宝，而宝宝在 3 岁之前，又不太方便外出，因此，你的朋友只能在本小区的新妈妈里面寻找。其实，只要你留心，就会发现那些准妈妈和抱着宝宝出来晒太阳的新妈妈还是很多的。大家由于有共同的话题，很容易谈得来。如果感觉白天总是独处一室很孤单，可以互相串串门，今天带着宝宝去别人家，明天可以让别人带宝宝来自己家。让孩子有从小一起长大的小伙伴对于孩子来说很重要，能避免孩子孤单，你也有了自己的伙伴。如果关系好，还可以带孩子们一起睡觉和吃饭，调剂一下平时单调的生活。

注意和丈夫沟通好感情

很多妈妈因照顾孩子过于劳累而常常对丈夫抱怨。而丈夫在外边辛苦工作了一天，本身也可能带有负面情绪，于是双方的负面情绪相碰，很难达成有效的沟通。过多的唠叨会让人产生超限逆反，破坏夫妻关系。

妻子尽量在丈夫回家前将负面情绪排解掉，多和丈夫说些孩子的趣闻，多说孩子对他的爱，周末多带着丈夫去参加亲子班或亲子游戏等，这样才能慢慢培养丈夫对父亲角色的认同感，找到这个角色的乐趣，从而让他更主动地帮助你带孩子。孩子最好能尽早和妈妈分床睡，这样不仅能锻炼孩子的独立能力，也有利于夫妻生活。缺少身体接触的夫妻之间，感情会慢慢变淡，这个问题不能小视。

增加一些生活情调

在家里带宝宝的时候，你可以放一些优美、舒缓的音乐，这样不仅能陶冶孩子的性情，还能缓解你的烦躁情绪。产后很容易发胖，你可以从网上或书中找一些恢复身材的方法，在照顾宝宝的同时实施减肥措施。在和丈夫相处的晚上，不妨在角落里点个小蜡烛或者放个香薰来烘托气氛，这些都是不用多花钱就能提升生活情趣的小方法。

小贴士

在养育孩子的时候，要提高自己的觉察能力，注意自己与孩子的关系模式。哪些事件碰触了自己过去的伤？自己的哪些行为是为了满足自己？抚养孩子成长的过程，也是爱护自己内心的小孩的过程。你用恰当的方式对待自己的孩子，也是在爱自己、修复自己。

让孩子感受到“被爱着”

在当今很多行业都存在严酷竞争的背景下，“妈妈”这个行业也存在着竞争。

为了孩子的明天，为了证明自己是个好妈妈，很多女人把自己的时间和精力都放在了孩子的身上：费尽心思地布置孩子的房间，给孩子买漂亮时尚的衣服，带孩子参加各种有趣的活动，参加父母培训学习班……但是，她们经常会看到别的妈妈有更好的表现。更加令人失望的是，有时候孩子还会怪妈妈不够爱他，那种付出了却没有得到感激和良性回馈的无力感让很多妈妈崩溃。

问题到底出在了哪里？为什么付出了这么多努力，最后心底里还会升起对自己的怀疑：我是不是一个好妈妈？

在家长沙龙上，我看到很多妈妈有这样的沮丧，总感觉自己不如这个妈妈，不如那个妈妈，有时候甚至不知道该怎样去做。

确实，做妈妈是一项需要终身修炼的职业，是一门艺术，也可以算是一门技术活。怎么把握这个做妈妈的尺度？我也曾陷入深深的迷茫。

一次，有两个朋友从外地来我家做客。我 5 岁的女儿一开始面对陌生人还挺害羞，当我拿出女儿的画来给朋友们分享时，女儿一下子开心起来，兴致勃勃地把更多的画拿出来，来到两个阿姨身边，慢慢地开始接受朋友把胳膊放在她的肩膀上。朋友认真地倾听着女儿对自己作品的讲解，没过一会儿，女儿竟然坐在了一个阿姨的膝盖上。

后来，女儿提出要给朋友画画像，让朋友当模特。朋友同意了，一动不动地坐在沙发上。而当时，我家里人很多，旁边就有人在热烈地聊天，而我的朋友不为所动，专心地、安静地坐在那里，女儿也静静地画着。当女儿画完了，朋友对她的画给予了很高的评价，并且指出女儿画得好的细节，女儿越来越兴奋。

晚上的时候，两个朋友钻进了被窝，我则在床边和她们继续聊天，女儿自己主动要求和两个阿姨一起睡，她们穿得很少，肌肤相亲，女儿和朋友的欢笑声不时响起。

第二天一早，朋友们要赶车走了，临行前，那个搞体育出身的朋友把女儿高高地举起，抛上去又接住，足足玩了七八个回合，最后她们亲了又亲。

当朋友转身离开，女儿破天荒地哭了起来。这让我很意外，因为她只是与朋友相处了一个晚上而已。女儿边哭边说："舍不得阿姨走，阿姨好爱我，我也好爱阿姨。"

女儿的泪让我惊讶又让我反思：为何朋友只用了一个晚上便俘获了女儿的心？

原来，是她完全彻底的投入，真实而毫无保留的欣赏，还有充满爱心的付出，最重要的是，她和女儿相处的时候，全然活在属于她们两个人的世界里……

朋友教会了我应该怎么当妈妈：让孩子感觉到自己是最重要的人，让孩子感觉到妈妈在一心一意地陪伴自己。

我的头脑里不由地想起很久以前看到的那篇打动了很多人的文章。一位整日繁忙的父亲回到家后，小儿子问他工作 1 个小时能赚多少钱，并向他借一些钱。心绪烦躁的父亲感觉这孩子很无聊，无事生非，就说：“我每天这么辛苦地为你们赚钱，回家后只想好好休息！”父亲烦躁而冷漠地拒绝了他这个小儿子。小儿子默默地回到自己的房间里，不再说话。晚上，父亲感觉自己的态度太粗暴了，为了缓和关系，他把孩子借的钱送到他的房间，并且询问他为何借钱。没想到小儿子说：“我想买你一个小时的时间和我一起吃早餐……”

我们都希望自己的孩子聪明伶俐，长大后成龙成凤，但是我们在付出的时候往往是从自己的主观意愿出发，没有充分地考虑到孩子的感受和其自身情况。有时候，我们可能感觉还应该为孩子买更多的东西，做更多的事情。我们可能觉得自己辛苦工作，忙得吃不上饭睡不上觉，就能给孩子提供更好的生活。但是，这些往往并不是孩子真正想要的。

作为家长，我们的陪伴和关注胜过孩子们所参加的一切活动，因为我们的爱和关注能让孩子觉得他们被爱着，被关注着，这样他们才会得到安全感和归属感，成为自信、有较强适应能力的人。

亲爱的家长们，你们为人父母的旅途已经开始，也许你们觉得自己很普通，不够优秀，但请不要在意这些。你只要知道：孩子最需要的，是你本身；你带给孩子的那种独一无二的爱，才是孩子最需要的。

小贴士

作为家长，我们的陪伴和关注胜过孩子们所参加的一切活动，因为我们的爱和关注能让孩子觉得他们被爱着，被关注着，这样他们才会得到安全感和归属感，成为自信、有较强适应能力的人。

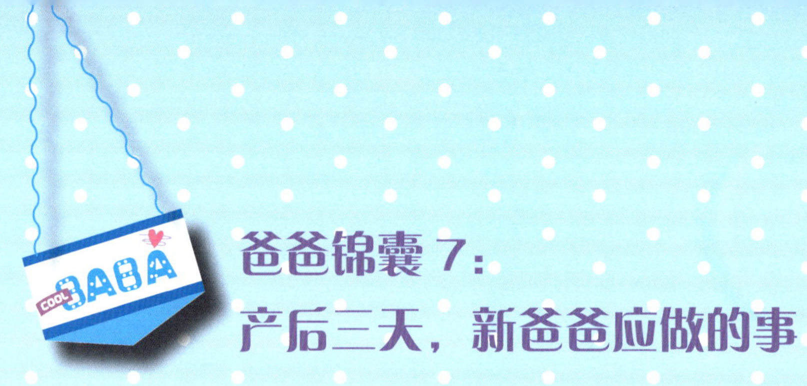

爸爸锦囊7：产后三天，新爸爸应做的事

相比一些准爸爸来说，我算是过来人了。说起老婆怀孕以及生产前后的情况，真是如做梦一般。尤其是老婆生产后的头三天，我忙得连胡子都没时间刮。看着老婆身上插着各种管子，我真是非常心疼，只能尽自己最大的努力去照顾她。在这里我可以分享一下我的心得体会，算是给准爸爸们一点建议吧。

想办法安抚老婆的情绪

老婆在鬼门关上走了一遭之后，身心疲惫是可想而知的。虽然我不能亲身经历，但我能感受到老婆的疼痛！书上说，产妇除了伤口疼痛以外，情绪还可能会不稳定。我老婆那阵子看上去就挺娇气的，但是咱做老公的一定要体谅，毕竟人家做出了那么大的牺牲，咱能做的就是努力照顾她，安慰她，扶她上厕所，给她喂吃的，帮她擦洗。尽量让老婆平安地度过这一段时期。虽然很辛苦，但是这样的情况一辈子也没有几次，如果表现不好，让老婆心里一辈子过不去，那咱做老公的就亏大发了。

鼓励老婆让孩子早吮吸

孩子出生后的1小时内，让孩子趴在老婆胸前，让孩子吸吮乳头。这样的接触最好能持续30分钟以上。尽早地让孩子吸吮乳头，有助于乳汁分泌。而没有经过早吸吮的母亲，大约在两天后才开始泌乳。当老婆看到孩子学会了吸吮，自己的乳汁正源源不断地流入孩子的口中，心中无比欢欣，对母乳喂养一定会充满信心。

准备照相机、记事本、录像机等设备

在医院，医生和护士会给新手爸妈讲很多育儿、保健方面的知识。因此，准备照相机、记事本、录像机是非常有必要的。用录像机除了记录医生、护士的医嘱以外，最好录下护士给孩子洗澡以及抚触的全过程，这样回家后可以学习借鉴，出院后给孩子洗澡和做抚触就有根据了。

做好档案管理工作

为了让老婆省心，我们必须精心、细心。虽然陪床这几天我们也非常辛苦，但是一定要振作精神，马虎不得。老婆住院虽然没几天，但是需要办理的杂事非常多，比如出生证明、宝宝的防疫本、母婴健康手册、办理出院的单据、报销凭证……一定要分门别类地放好。你别嫌烦，在这重要的几天一定要静心、耐心。

——乐乐爸　宝贝1岁3个月

小贴士

在医院，医生和护士会给新手爸妈讲很多育儿、保健方面的知识。除了用照相机给宝宝照相之外，还要准备记事本和录像机，以便记录医嘱和护士给新生儿洗澡、抚触的全过程，以便回家效仿。

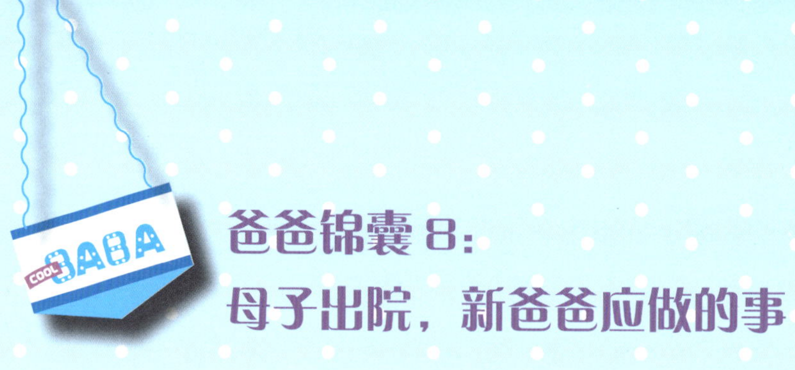

爸爸锦囊8：母子出院，新爸爸应做的事

经历了生产的痛苦和得子的喜悦，又经历了几天在医院夜不能寐的生活，度过了下奶、新生儿黄疸等关口，宝贝的胎便也排了，新妈妈终于到了可以回家的时间。

作为新爸爸，我们应该如何让新妈妈顺利完成这个过渡呢？一些有爱、有智慧的新爸爸是这样做的。

肉麻话加拥抱

在医院里的时候，碍于环境和其他照顾老婆的家人，我不太好意思和老婆过于亲密，如今终于回到了自己的家，我就可以尽情地表达自己的感情了。回家第一天，我趁卧室没有别人的时候，把老婆搂在怀里，在她耳边悄声说："孩儿她妈，你可真伟大！这些天你真的太辛苦了！"这话听上去似乎有点肉麻，老婆却感动得留下了两行眼泪。我心想，自小娇生惯养的她一定觉得受了很多委屈，流点泪好，说明我共情到位了，老婆产后抑郁的可能性也能大大减小。

——多多爸　宝贝8个月

备好新妈妈的特殊装备

因为我姐姐比我们提前半年生孩子，所以在我家媳妇快生产之前，姐姐对我耳提面命，传授了很多经验，我也是个爱生活、爱媳妇的人，自然不敢懈怠，一一记在本子上。

媳妇从医院回来之后，首先我献上两件物品：长袍喂奶服和喂奶枕。长袍喂奶服可以帮喂奶时的媳妇抵抗寒冷，以防媳妇着凉，也能解决媳妇喂奶时担心盖被子会捂到孩子的问题。喂奶枕可以帮助新妈妈找到正确的喂奶姿势，让媳妇少操点心。当我拿出这两个东西的时候，在场的一个好朋友的媳妇立马哭了，说她老公从来就没有这么用心地关心过她，她当初特别委屈……唉，看来关爱媳妇的时机也要注意，不要引起其他丈夫的嫉恨才好。

——会飞的鱼　宝贝9个月

与新妈妈一同照顾孩子

在我家灵儿生宝宝之前，我们共同学习过一些关于育儿的知识。在后面的育儿工作中，我亲力亲为，灵儿也聪明地一直肯定我，因此，我就越做越好了。

其实小宝贝哭闹无非就是那几个原因：饿了，拉了，尿了，冷了，热了，想找人抱了，病了。所以只要我们一一排除，就会知道孩子哭闹的原因。怀疑孩子饿了，只要把手指头轻轻放在宝贝的嘴角，如果宝贝立刻把头转过去，想吮吸你的手指，就说明他想吃了。怀疑孩子拉尿了，只要一翻他的纸尿裤就知道了，这个很简单。宝贝如果热了，有时候脸上会起小红点，你可以摸摸他的后背出没出汗，如果出汗了，就要适量减点被子。宝贝一个人待得时间长了，没人理睬他，他也会因此烦躁、发脾气哭闹，这时候只要我一过来，用我那充满磁性的嗓音轻轻哼一首做胎教时总唱的歌，宝贝就会停止哭闹。如果以上原因都不是，那可能就是病了，需要我们去医院求助医生了。其实，男人哄孩子，也没那么难！

——仔仔爸爸 宝贝1岁5个月

照顾新产妇的禁忌

对于如何照顾新妈妈，我觉得很多老公做得比我好得多，相比起来，我真的很汗颜。我这里也想补充两点。第一点是千万不能在房间里吸烟。过去因为是二人世界，想抽就抽了，媳妇也不怎么管。可是现在有了新生儿，就要注意保护小宝宝那幼小稚嫩的肺了，千万别让二手烟熏坏宝宝了。我在有了孩子之后，一犯烟瘾就到走廊去抽。别看这只是个小小的改变，坚持下来也不容易呢。第二点是不要过度饮酒，也不要总以庆祝宝宝出生的名义外出和朋友喝酒。月子里的媳妇和孩子最需要的就是陪伴。本来媳妇天天就只能在家憋屈着，如果我再天天去外边潇洒，换位思考，就会知道媳妇心里肯定会不平衡。

——图图爸爸 宝贝6个月

小贴士

其实小宝贝哭闹无非就是那么点事儿：饿了，拉了，尿了，冷了，热了，想找人抱了，病了等，只要我们用排除法，就基本能判定孩子哭闹的原因。

爸爸锦囊 9：月子里，新爸爸应做的事

坐月子会影响女人一生的健康，越来越多的人已对此达成共识。所以媳妇生产后的第 1 个月是绝对不能马虎的。要说起伺候月子的经验，就由家贤爸爸来给大家做分享。

既然我们男人不能体验到生孩子的疼痛，那么在其他方面多做一些努力是应该的。那么如何伺候媳妇，让她身心愉快地度过月子呢？我这里有一些经验心得与各位准爸爸分享。分享这些心得，是为了准妈妈们将来能更好地度过产后的 4 周，早日恢复。

了解“媳妇至上”的原理

经历一番死去活来的挣扎，再加上身体的伤口，产妇已经很累了，但是她依然不能休息，还要挣扎着起来给孩子喂奶。看着老婆这样辛苦，我真的感叹人世间母爱的伟大！等你们到了那时，就能体会到我的感受了，所以我们在伺候月子的时候不要一味地只关心宝宝怎么样，也要把关注的重点放在妈妈身上。从孩子的角度说，如果把妈妈照顾好了，她就会顺利产奶，孩子及时吃到粮食，这不是对孩子最大的照顾吗？这个时候，妈妈和孩子是相辅相成的关系，大家一定要认清这个道理。大家一定要记住：

需要关心的人不仅是孩子，还有自己的妻子。

重中之重：保护媳妇的心情

产妇一旦生气了或抑郁了，奶水就会不充足。这个常识有的朋友还真不知道，所以我必须重申一下。月子期间就算我们再苦、再累、再委屈也要坚持下来，不能和媳妇以及其他照顾月子的家人发生矛盾。媳妇把这世上最大的罪都受了，月子期间内分泌也有变化，媳妇发脾气也大都是这些原因闹的，理解了，对媳妇的忍耐度就提高了。

另外，幽默更容易化解矛盾。比如有一次给媳妇做晚饭有点晚，媳妇因为给孩子喂奶很容易饿，于是就在卧室里发飙了。其实我们其他人也都没有吃饭，而且都在为她们母子忙前忙后，说委屈也委屈啊！可是如果不忍让，势必是一场战争，于是我一边安慰媳妇说马上吃饭，一边到厨房安抚也要发怒的老妈。等媳妇吃上饭了，回过神儿来问我："老公，你们吃饭了吗？"我立刻改变腔调，用太监的腔调说："您老佛爷都没开饭，我们下人哪里敢动筷啊！"看媳妇扑哧一笑，我立马表情严肃地说："等你出了月子，就把你胖揍一顿！"媳妇吐吐舌头，也知道自己刚才脾气大了。

尽量保证媳妇的睡眠

从身体恢复方面来说，产妇生完孩子之后什么最重要？我认为是睡眠，只有完整、踏实的睡眠才能保证身体的恢复。说起这点我比较惭愧，媳妇产后第 1 周在医院里度过，我当时因为心疼钱没有给媳妇安排单间，以为就那么几天，糊弄一下过去也就完了。结果自己这边刚安排好了孩子，隔壁床的孩子就哭闹起来，搞得媳妇没有休息好。另外，媳妇因为胀奶的疼痛也睡不好。我因为事先没做这方面的功课，搞得当时很被动。这里需要和各位准爸爸强调一下，如果新妈妈出现胀奶的现象，就需要马上请催乳师通乳，以解决乳房胀痛的问题。

为媳妇提供丰富的营养

明星都会请专门的营养师来准备月子餐，保证产妇既营养充分又不长胖。我们虽然没有那个条件，但是现在信息网络发达，我们可以借助网络学习如何做月子餐。

产后两周，应该给产妇吃些清淡的食物，中医上也有一句话叫“虚不受补”，产妇在产后身体极度虚弱的情况下是不能立即进补的，这个时刻的重要任务是排恶露和通乳。产妇的奶水量最好是恰到好处，不多不少，如果奶少，孩子自然不够吃；如果乳汁多，其实也未见得是好事，乳汁多，品质不一定就高，另外还得劳烦媳妇挤奶。准备月子餐时还要考虑身材的恢复。

护理伤口

我家宝贝是顺产出生的，因此媳妇主要调养的是侧切的伤口。虽然医院开了一些药，但是媳妇产后 10 多天还是很疼。我后来上网查到一些资料，了解到伤口需要保持清洁干燥。看着媳妇难受，我心里也不舒服，于是买了云南白药喷雾剂辅助理疗灯一起使用，效果挺好的。

以上是我的一家之言，供朋友们参考。在月子期间我也有很多遗憾和做得不够好的地方，但是在我们全家人的努力之下，媳妇没有出现任何产后抑郁的情况，而且奶水充足，我觉得只要达到这两个目的就算胜利！

小贴士

月子期间就算我们再苦、再累、再委屈也要坚持下来，不能和媳妇以及其他照顾月子的家人发生矛盾。媳妇把这世上最大的罪都受了，月子期间内分泌也有变化，媳妇发脾气也大都是这些原因闹的，理解了，咱们对媳妇的忍耐度就提高了。

产前抑郁症测试

扫码测试
孕期抑郁指数

题目要求：在与自己实际情况相符的选项后面标注“是”，不相符的选项后面标注“否”，最后统计“是”的个数。

1. 感觉没精神，对什么都不感兴趣，觉得做什么事都没意义。（　　）
2. 做事不能集中精力。（　　）
3. 睡眠质量差，有时睡得过多，有时睡得过少。（　　）
4. 持续情绪低落，没有原因地想哭。（　　）
5. 不停地吃东西，或毫无食欲。（　　）
6. 非常容易疲劳，或有持续的疲劳感。（　　）
7. 情绪起伏很大，喜怒无常，常为一点小事发脾气。（　　）
8. 常常有内疚感，感觉自己没用，看不到未来。（　　）
9. 每天都感觉伤心和沮丧，或感觉心里空荡荡的，没有安全感。（　　）
10. 没有原因的焦虑。（　　）

做完产前抑郁症的测试题，如果您标注“是”的个数在 4 个以上（包括 4 个），并且症状的持续时间在 2 周以上或频率在 1 个月 3 次以上，那么证明您可能患有轻度产前抑郁症，建议尽快就医治疗。一般来说，针对产前抑郁症，可以采用药物治疗、物理治疗和心理治疗。